Jürgen Gräfe

Süßes Hobby Imkerei

land Leben

CADMOS

Gestaltung und Satz: Ravenstein + Partner, Verden
Titelfoto und alle Fotos im Innenteil: Jürgen Gräfe
Lektorat: Maren Müller
Druck: Westermann Druck, Zwickau

Deutsche Nationalbibliothek – CIP-Einheitsaufnahme
Die Deutsche Nationalbibliothek verzeichnet diese Publikation in der Deutschen Nationalbibliografie; detaillierte bibliografische Daten sind im Internet über http://dnb.ddb.de abrufbar.

Printed in Germany
ISBN 978-3-86127-677-7

Inhalt

Bienen sind leistungsfähige Geschöpfe

Wer in deutschsprachigen Ländern von der „Biene" spricht, meint damit meist die Honigbiene. Tatsächlich gibt es in Mittel- und Westeuropa aber nur eine einzige Honigbienenart mit 25 Unterarten, jedoch etwa 1000 Wildbienenarten. Diese leben solitär oder in Gruppen (halbsozial), aber nie ganzjährig in einem Staat wie unsere Honigbienen. Die nächsten Verwandten der Honigbienen sind die ebenfalls Staaten bildenden Hummeln. Anders als bei den Bienen, die als ganzes Volk überwintern, sterben die Mitglieder des Hummelstaats im Herbst eines jeden Jahres. Nur die jungen, befruchteten Königinnen überleben den Winter, um im Frühjahr einen neuen Staat zu gründen.

Wildbienen leisten wichtige Bestäubungsarbeit.

Die Honigbiene stellt also unter den Bienen in ihrer Lebensweise und als Lieferant wertvoller Produkte für den Menschen etwas Besonderes dar.

Die älteste bildliche Darstellung der Ausbeutung der Honigbiene durch den Menschen wurde in Ägypten gefunden und stammt aus dem Jahr 2400 vor Christus.

Bis zum frühen Mittelalter lebten die Honigbienen in Europa noch im Wald. In alten hohlen Bäumen oder in anderen Höhlen bauten sie ihre Waben und zogen ihre Brut auf. War das Volk stark genug, schwärmte ein Teil der Bienen aus und suchte eine neue Höhle. Waldimker, Zeidler genannt, nutzten gezielt Honig und Wachs dieser wilden Bienen. Sie sorgten auch dafür, dass alte Höhlenbäume als Bienenwohnung erhalten blieben.

Die Dunkle Biene (Apis mellifera mellifera) war die in Deutschland und in ganz Nordeuropa heimische, im Wald lebende Biene.

Als die Waldbienen in Osteuropa in sogenannten Klotzbeuten in Hausnähe aufgestellt wurden und in Westeuropa der Bienenkorb zum Einsatz kam, war der Schritt von der Waldbiene zur Hausbiene getan. Die Imkerei wurde bequemer, die Betreuung der Bienen intensiver. Was weitgehend erhalten blieb, war der wilde, stechfreudige und unruhige Charakter der Bienen, der ihre Handhabung durch den Imker erschwerte. Das führte dazu, dass die Dunkle Biene im vergangenen Jahrhundert von den Imkern durch die Carnica, deren Verteidigungsbereitschaft durch Zucht gemildert war, ersetzt und damit verdrängt wurde.

Klotzbeuten wurden aus Baumstämmen gefertigt und bilden die natürliche Bienenwohnung nach.

Von West- bis Osteuropa werden derzeit die folgenden vier natürlichen Rassen und eine durch Kreuzung entstandene „künstliche" Bienenrasse genutzt:

Die Dunkle Biene *(Apis mellifera mellifera)* ist ursprünglich in Nord- und Westeuropa beheimatet. Heutzutage ist sie besonders in Nordeuropa und im nördlichen Osteuropa verbreitet und kommt auch in Spanien und Frankreich vor. In manchen Ländern, so auch in der Schweiz, widmen sich Liebhaber dieser Rasse. In Deutschland gilt sie als ausgestorben, einige Imker bemühen sich aber um eine erneute Ansiedlung.

Die Italienerbiene *(Apis mellifera ligustica)* kommt ursprünglich von der italienischen Halbinsel und wird im Mittelmeerraum verstärkt genutzt. Sie ist weltweit in klimatisch ähnlichen Gebieten verbreitet und spielt in den USA eine bedeutende wirtschaftliche Rolle.

Die Kaukasische Biene *(Apis mellifera caucasica)* hat ihren Ursprung und Verbreitungsschwerpunkt im südlichen und östlichen Kaukasus, kommt aber auch in vielen Teilen Russlands und dessen Nachbarländern, ebenso wie in den USA vor.

Die Buckfastbiene ist ein Kreuzungsprodukt mehrerer Rassen und daher eine „Kunstrasse". Bruder Adam züchtete sie im englischen Kloster Buckfast. Manche Imker nutzen sie, weil sich mit ihr in guten Jahren höhere Honigerträge erzielen lassen als mit der Carnica.

Die Carnica *(Apis mellifera carnica)* oder Kärntner Biene stammt aus dem östlichen Alpenraum und dem südlichen Balkan bis zu den Karpaten. Sie wurde in Westeuropa, auf dem amerikanischen Kontinent und in vielen anderen Regionen der Welt angesiedelt. Diese in Deutschland weitverbreitete Rasse eignet sich gut für die Hobbyimkerei, weshalb hier genauer auf ihre Eigenschaften eingegangen werden soll.

Diese sind:

Sanftmut, das heißt, die Bienen sind nicht stechfreudig, vorausgesetzt der Züchter achtet darauf, dass die Sanftmut immer weitervererbt wird.

Leichtes Überwintern, das heißt, wenn die Bienen vor dem Winter genügend Futter erhalten und auf ihre Gesundheit geachtet wurde, erreichen sie sicher das Frühjahr.

Die Leistung einer Sammelbiene in Zahlen:

Durchschnittliche Flugstrecke pro Sammelflug:
1 Kilometer

Gerade noch energetisch sinnvolle Flugstrecke pro Sammelflug:
3 Kilometer

Durchschnittliche Anzahl der Ausflüge pro Tag:
5

Durchschnittliche Flugdauer je Ausflug:
27 Minuten

Nektareintrag pro Sammelflug:
30 bis 40 Milligramm
(ein Drittel bis knapp die Hälfte des Körpergewichts)

Polleneintrag pro Sammelflug im Mittel:
15 Milligramm

Beeindruckend ist auch, dass immerhin 25 Sammelflüge notwendig sind, um eine Wabenzelle mit Honig zu füllen. Fünf Bienen müssen dafür einen ganzen Tag lang sammeln.

Blick in eine Klotzbeute mit Wabenbau und Bienen.

Sie entwickeln sich im Frühjahr rasch zu einem starken Volk und leisten in früh blühenden Kulturen, zum Beispiel in der Obstblüte, hervorragende Bestäubungsarbeit.

Sie können alle Nektar- und Pollenangebote (Trachten) der Natur und der Landwirtschaft gut nutzen.

Sie sitzen ruhig und fest auf den Waben, wenn der Imker die mit Bienen besetzte Wabe betrachtet oder abstellt. Das garantiert, dass die darunterliegende Brut auch bei widrigen Umständen lange geschützt bleibt.

Die Blüten der groß ausgebildeten Erdbeeren waren intensiv bestäubt und befruchtet, die Blüten der kleinen waren nur ungenügend bestäubt.

Ökologische und sonstige wirtschaftliche Leistungen

Insekten bestäuben weltweit 80 Prozent unserer Blütenpflanzen. Davon wiederum werden 85 Prozent von den Honigbienen bestäubt. Der Ertrag der Obstbäume ist bis zu 90 Prozent vom Blütenbesuch der Honigbienen abhängig.

Bei sehr guten Bedingungen kann eine Biene maximal 3000 Blüten pro Tag besuchen. Ein ganzes Volk befliegt und bestäubt pro Tag mehrere Millionen Blüten.

Auch die Fruchtqualität, also die Form und Größe aller Obstarten, wird erheblich durch die Bestäubungsergebnisse beeinflusst. Das gilt für 70 bis 80 Prozent aller Kulturpflanzen. Die Bestäubungsleistung aller Insekten innerhalb der EU wird auf einen Wert von 5 Milliarden Euro, die der Honigbienen auf 4,2 Milliarden Euro geschätzt. Letztere hat aus ökologischer und wirtschaftlicher Sicht größere Bedeutung als alle Bienenprodukte wie Honig, Wachs, Pollen, Gelée Royale, Bienengift und Propolis zusammen.

Im Obstbau sowie Gemüsebau unter Glas werden die Bienenleistungen seit vielen Jahren auch vergütet. Der wirtschaftliche Wert der Bestäubungsleistung wird am Beispiel unserer landwirtschaftlichen Kulturen deutlich. So wurde im Jahr 2007 in Deutschland auf 1534 Millionen Hektar Winterraps angebaut. Geerntet wurde ein Gesamtertrag von 5,4 Millionen Tonnen Raps im Wert von 1,4 Milliarden Euro. Dieser Rapsertrag ließe sich durch ausreichende Bestäubung durch die Honigbiene um 20 bis 60 Prozent erhöhen. Bei 20 Prozent würde dies einen Erlöszuwachs von etwa 280 Millionen Euro bedeuten.

Bestäubungsleistung von Honigbiene, Wildbiene und Hummel im Vergleich

Mitunter werden die Bestäubungsleistungen von Honigbienen, Hummeln und solitären Wildbienen im Naturhaushalt verglichen. Bezogen auf ihre physiologische Leistungsfähigkeit und Individuenzahlen sind sie von Natur aus jedoch meist keine ernsthaften Konkurrenten. Bezieht man in die Betrachtung alle Bestäuber, also auch Schwebfliegen, Faltenwespen, Schmetterlinge und Käfer mit ein, stellt man fest, dass sie alle sich in ihrem Bestäubungsverhalten so ergänzen, dass jegliche Blütentypen mit ihrem unterschiedlichen Blütenbau unter verschiedensten klimatischen und Witterungsbedingungen bestäubt werden können. Jedes dieser Insekten ist schützenswert. Ihnen allen müssen wir den Lebensraum erhalten oder wieder schaffen.

Der direkte Vergleich der Honigbienen mit Hummeln und solitären Wildbienen ist eigentlich auch gar nicht möglich. Das liegt an der Vielzahl der Individuen, aus denen ein Honigbienenvolk zu Beginn der Vegetation im Frühling besteht. Noch vor der Obstblüte zählt es bereits über 10 000 Bienen. Etwa ein Drittel davon fliegt aus und garantiert die bereits beschriebene hohe Bestäubungsleistung. Damit kann weder eine Hummelkönigin noch eine Solitärbiene konkurrieren. Die Hummelkönigin muss ihren Staat erst neu aufbauen und auch Solitärbienen

Auch Rosenkäfer und andere Käfer tragen in geringerem Umfang zur Bestäubung bei.

kommen nicht in vergleichbaren Massen vor. Allerdings sind die wild lebenden Bestäuber in Gebieten mit wenigen Imkern und damit meist wenigen Bienenvölkern die Retter in der Not.

Tracht, Nektar und Pollen

Ein Pollen und Nektar spendendes Blütenangebot nennt man Tracht. Sie ist die Nahrungsgrundlage der Honigbienen und anderer Insekten. Die Imker unterscheiden zwischen „Massentracht" und „Läppertracht".

Erstere tritt ein, wenn die Bienenweide Nektar und Pollen im Überfluss liefert. Die Obst-, Linden-, Robinien- und Rapsblüte prägen die Landschaft. Läppertrachten hingegen reichen, wenn überhaupt, wegen ihres geringen Angebots an Pollen und/oder Nektar gerade mal so zur Deckung des täglichen Bedarfs. Dank ihnen wird die Aufzucht der Nachkommen immerhin nicht vollkommen eingestellt.

Die ideale Ernährungssituation für Bienenvölker stellt ein sogenanntes Trachtband dar, also ein kontinuierliches Blütenangebot über einen langen Zeitraum hinweg, wie es in einer vielfältig strukturierten Natur mit bunten Wiesen, Weiden, Brachen, Wegrändern, Acker- und Gehölzflächen gegeben ist. Naturnah angelegte Gärten und Parks leisten ebenfalls einen Beitrag dazu, dass dieses Trachtband nicht abreißt, und selbst um Obstbäume angelegte Baumscheiben können kleine blühende Oasen im Einheitsgrün mancher Gärten bilden.

Anstelle des bei Bäumen üblicherweise gräser- und unkrautfrei gehaltenen Wurzelbereichs (Baumscheiben), bilden hier Trachtpflanzen eine Oase für Insekten.

Die Pollenhöschen können bis zu 15 Milligramm wiegen.

Wo es nur saftig grüne Flächen ohne Blüten gibt, fehlt die Bienennahrung. Die Anlage und der Schutz von blühenden Flächen nützen also unseren Honigbienen und sind gleichzeitig praktischer Naturschutz. Imker und Naturschützer sollten hier Hand in Hand arbeiten.

Eine Blütenpracht hat zweifellos einen hohen ästhetischen Wert für den Menschen. Für unsere Bienen und den Imker geht es aber um den möglichst reichlichen Eintrag von Pollen und Nektar.

Pollen, das sind die männlichen Geschlechtszellen einer Blüte. Treffen Pollen auf eine Blütennarbe, kommt es zur Bestäubung. Dafür sorgt die Biene, denn der Pollen bleibt beim Besuch einer Blüte in ihrem Haarkleid haften, und so transportiert sie ihn auf die Narben der Blüten, die sie als Nächstes an-

So bringen Sie die Landschaft noch ein bisschen mehr zum Blühen:

Säen Sie in Ihrem Garten oder anderen eigenen Flächen anstelle des üblichen Einheitsrasens Wildblumen an. Spezielle Saatgutbetriebe bieten auch Wiesenblumenmischungen an.

Umgeben Sie Ihre Grundstücksgrenze mit einer Hecke aus verschiedenen blühenden Gehölzen. Sie bietet im Frühjahr Ihren Bienen und sonstigen Insekten und im Herbst und Winter den Vögeln Nahrung. Zugleich kann sie den Zaun ersetzen und Sichtschutz bieten.

Raps bietet den Bienen Nektar und Pollen in Massen.

fliegt. Ein Großteil des gesammelten Pollens bleibt jedoch im Haarkleid zurück. Er ist eine Eiweißquelle für das gesamte Bienenvolk und ein wichtiger Bestandteil der Ernährung der Bienenbrut. Um den Pollen sicher nach Hause transportieren zu können, bürstet ihn die Biene aus ihrem Haarkleid, vermischt ihn mit klebrigem Nektar und heftet ihn schließlich als „Pollenhöschen" an das Hinterbein.

Der Begriff Nektar kommt aus dem Griechischen und ist mit „Göttertrank" zu übersetzen. Beim Nektar handelt es sich um eine Zuckerlösung mit einer Zuckerkonzentration von 25 bis 80 Prozent. Auch Minerale, Vitamine, Fette und Eiweiß gehören zu seinen Bestandteilen. Er entsteht am Grunde der Blüten in Nektardrüsen. Um den Nektar aufzunehmen, berühren die Insekten häufig die Narben, wobei sie Pollen abstreifen. So kommt es ganz nebenbei zur Bestäubung. Außerhalb von Blüten kommen Nektar spendende Pflanzenteile (Nektarien) zum Beispiel am Blatt von Süßkirschen, Pfirsichen und Ackerbohnen vor. Der Nektar ist der Energiespender im Bienenleben.

Bestäubung, Befruchtung, Blütenstetigkeit

Die Bestäubung erfolgt durch Übertragung des Pollens einer Blüte auf die Narbe derselben oder einer anderen Blüte. Dies kann durch Wind (Windbestäuber wie

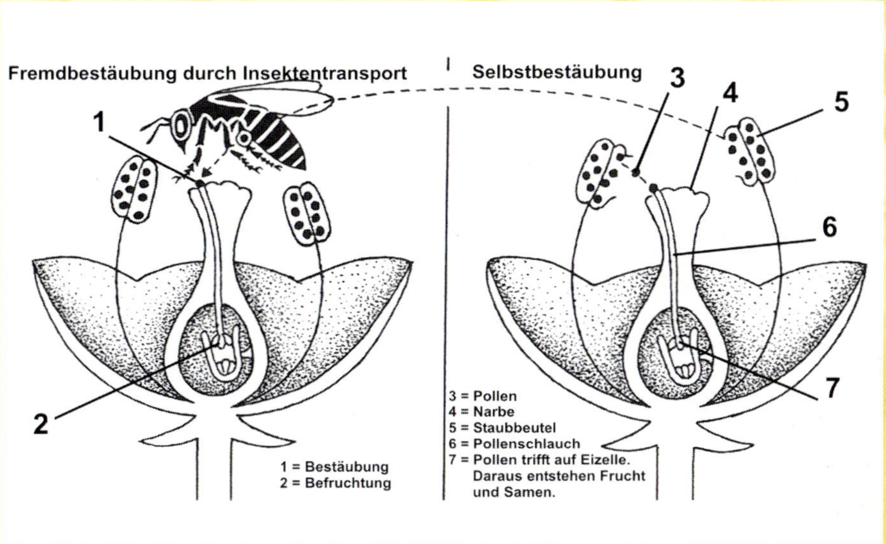

Bestäubungs- und Befruchtungsvorgang bei Selbst- und Fremdbefruchtung. (Zeichnung: Helmut Hintermeier)

Gräser) und Insekten (Insektenbestäuber) geschehen. Bestäubung ist die Voraussetzung für die Befruchtung. Für Letztere muss aus dem Pollen ein Pollenschlauch bis in den Embryosack wachsen, wo ein Spermakern die Eizelle befruchtet. Erst dann wachsen Samen und Früchte.

Die Befruchtung funktioniert nur zwischen gleichen Pflanzenarten. Dabei gibt es zwei Möglichkeiten: Selbstbefruchtung und Fremdbefruchtung. Bei der Selbstbefruchtung gelangt der Pollen einer Blüte auf die blüteneigene Narbe. Bienen unterstützen diesen Vorgang erheblich. Noch bedeutsamer ist die Bestäubungsarbeit der Bienen aber bei der Fremdbefruchtung. Hier muss der Pollen teils über größere Entfernungen von der Blüte einer Pflanze zu der einer anderen transportiert werden. Dies schaffen die Honigbienen besonders gut, denn sie sind blütenstet. Das bedeutet, dass eine Biene immer wieder die gleiche Blütenart besucht. So wird gleichartiger Pollen auf die Narben gleichartiger Nachbarblüten transportiert. Das Ergebnis ist eine hohe Befruchtungsrate und daraus resultierend eine guter Fruchtansatz sowie eine hohe Fruchtqualität.

Die Blütenstetigkeit hat aber auch Grenzen: Bienen nutzen vorzugsweise die attraktivste Tracht der Umgebung. Liefert eine Pflanzenart nicht mehr genug Pollen oder Nektar, orientieren sie sich um.

Um neue, ertragreiche Futterquellen zu finden, sind ständig „Kundschafterinnen" unterwegs, deren Suchradius bei ungünstigen Futtersituationen schon einmal vier Kilometer und mehr betragen kann. Im Erfolgsfall kehren sie mit Nektarproben zu ihrem Volk zurück. Im dunklen Bienenstock übermitteln sie Informationen über den Geschmack und den Duft der neuen Nektarquellen, indem sie die mitgebrachten Proben von Biene zu Biene weitergeben. Zudem zeigen sie die genaue Lage der Fundstelle mittels spezieller Bienentänze auf den Waben an.

Wenn man die Einflugschneise bei der Beobachtung nicht versperrt, kümmern sich „sanfte“ Bienen nicht um die Beobachter.

Mit der Hobby-imkerei beginnen

Man kann zu jeder Zeit und in (fast) jedem Alter mit der Imkerei beginnen! Honig aus eigener Produktion, Spannung und Entspannung bei der Beobachtung der summenden Bienenwesen sind die Zauberworte für ein „Dafür“.

Mit dem Stockmeißel werden die verkitteten Waben gelöst und angehoben.

Praktische Überlegungen
für angehende Hobbyimker sind:

- Gibt es einen geeigneten Standort für meine Bienenvölker?
- Gibt es einen Imkerverein oder einen Imker in meiner Nähe, der mir mit Rat und Tat hilfreich zur Seite stehen kann?
- Kann ich mein Hobby nur am Wochenende betreiben oder kann ich wöchentlich mehrmals Zeit für die Beobachtung und Arbeit an meinen Völkern aufwenden?
- Wie hoch dürfen die Kosten sein?
- Will ich alles Zubehör kaufen, einiges selbst bauen oder will ich mit (fast) kostenlosem gebrauchten Material von Aussteigern imkern?
- Welche Bienenrasse möchte ich nutzen?
- Welcher Beutentyp und welches Material scheinen mir geeignet?

Eine weitere Frage, die immer wieder gestellt wird: „Müssen auch gesundheitliche Faktoren berücksichtigt werden?" Meist verbirgt sich dahinter die Angst vor den schmerzhaften Folgen eines Bienenstichs oder gar einer allergischen Reaktion auf das Bienengift. Eine Sorge, die manchmal von der Imkerei abhält. Vor Stichen sollte man Respekt, aber keine Angst haben. Letztere lässt sich übrigens mit einer gehörigen Portion Neugier ganz leicht überwinden.

Die Grundausrüstung des Imkers

Bevor das erste Bienenvolk einziehen kann, benötigt man so einiges. Das Wichtigste ist die Bienenbehausung, die „Beute". Sie bietet dem Volk das ganze Jahr über einen vor Witterung und Feinden geschützten Lebensraum. In modernen Beuten befinden sich Holzrähmchen, in die die Bienen ihre

Das Absperrgitter zwischen Brutraum und Honigraum sorgt dafür, dass der Honigraum frei von Bienenbrut bleibt.

Waben bauen. Das ermöglicht das Herausnehmen der Waben und erleichtert dem Imker die Honigernte. Eine Beute ist in zwei Bereiche aufgeteilt: den Brutraum und den Honigraum. Diese sind durch ein Absperrgitter voneinander getrennt, durch das nur die schlanken Arbeiterinnen schlüpfen können, um den Nektar in die Waben des Honigraumes einzutragen. Die dicken Drohnen und die Königin passen nicht durch das Gitter. So bleiben die Honigwaben frei von Bienenbrut.

Des Weiteren benötigt man einen Stockmeißel und einen Smoker. Mit dem Stockmeißel werden von den Bienen verkittete Waben getrennt und angehoben, um sie leicht entnehmen zu können. Mit dem Smoker erzeugt man Rauch, um die Bienen zu besänftigen. Ein Gänseflügel, eine Gänsefeder oder ein weicher Besen dienen dazu, die Bienen bei Bedarf sanft von der Wabe abzufegen.

Bei der Arbeit mit Bienen empfiehlt sich vor allem für Anfänger das Tragen eines Imkerhuts mit Schleier, denn es ist schon gewöhnungsbedürftig, wenn einen beim Öffnen der Beute einige Bienen umschwirren. Manche Hüte sind direkt mit einer Schutzjacke oder einem Schutzanzug verbunden, die mit Gummibündchen versehen sind, damit die Bienen nicht in Ärmel oder Hosenbeine kriechen können. Zudem schützen diese Anzüge die Kleidung des Imkers vor Kotflecken, was besonders im Frühjahr, zur Zeit der ersten Reinigungsflüge der Bienen, von Vorteil ist. Anfänger nutzen auch gern Handschuhe. Empfehlenswert sind gefütterte, aber dünne Haushaltshandschuhe, die gefühlvolles Arbeiten erlauben. Wer mit sanftmütigen Bienen und mit Rauchgaben arbeitet, kann bald auf die Handschuhe verzichten, und auch des Schutzanzuges werden manche Imker eines Tages überdrüssig und lassen ihn weg. Wann dieser Zeitpunkt gekommen ist, muss aber jeder für sich selbst entscheiden.

Beutentypen

In den vergangenen Jahrhunderten und bis in die Gegenwart haben Imker in aller Welt verschiedene Varianten der Bienenwohnung aus unterschiedlichen Materialien erfunden und ausprobiert. Nicht nur ausgehöhlte Baumstämme, auch geflochtenes Stroh, Weidenkörbe, Tonröhren (in den warmen Klimazonen), Holz-, Styropor- und Hartschaumbeuten kamen beziehungsweise kommen zum Einsatz. Prinzipiell sind alle wärmedämmenden und stabilen Materialien geeignet.

Bei uns wird hauptsächlich mit Holz- und Styroporbeuten geimkert. Beide haben Vorzüge und Nachteile. So bietet die Holzbeute nur eine mäßige Wärmedämmung, was vor allem im Winter und im zeitigen

Was tun, wenn man doch einmal gestochen wird?

Den Stachel sofort mit dem Fingernagel entfernen, damit das Gift keine Wirkung entfalten kann. Die mit dem Stachel verbundene Giftblase pumpt sonst auch nach dem Tod der Biene weiter das Gift in den scheinbaren Feind.
Die Stichstelle aussaugen oder Kochsalz auftragen und eine Zwiebelscheibe auflegen sind wirksame Hausmittel zur Minderung der Giftwirkung und zur Schmerzlinderung.
Kribbeln im Körper und Atemnot sind Anzeichen für eine allergische Reaktion. In diesem Fall muss man sofort den nächsten Arzt aufsuchen oder sogar den Notarzt rufen. Allergien auf Bienengift sind aber zum Glück selten.

Bei sanftmütigen Bienen ist ein Schutzanzug nicht unbedingt notwendig. Anfänger sollten aber zumindest Kopf und Gesicht mit einem Imkerhut schützen.

Frühjahr zu Problemen führen kann. Starke Sonneneinstrahlung kann den Innenraum so sehr aufheizen, dass die Bienen vorzeitig in Brut- oder gar Flugstimmung versetzt werden. Diesen Effekt konnte ich bei den besser isolierenden Styroporbeuten bisher nicht beobachten.

Die Desinfektion gestaltet sich hingegen bei der Holzbeute einfacher – hier genügt das Abflammen, während Styroporbeuten mit Sodalauge behandelt werden müssen, was wesentlich zeitaufwendiger ist.

Bei Hinterbehandlungsbeuten öffnet man die Rückwand, um die Waben entnehmen zu können.

Die Haltbarkeit der Holzbeuten wird von der Witterung stärker begrenzt, als dies bei Styropor der Fall ist. Andererseits ist Holz ein nachwachsender Rohstoff, während für die Herstellung von Styropor Erdöl benötigt wird. Wer biologisch imkern möchte, muss deshalb Beuten aus Naturmaterialien wie Holz verwenden. Gut geeignet ist das Holz der Weymouthskiefer, das sich im Vergleich zu anderen Hölzern durch lange Haltbarkeit und ein geringes Gewicht auszeichnet.

Während bei der Wahl des Materials die Bedürfnisse des Volkes berücksichtigt werden müssen (gute Isolation, keine Zugluft, keine Nässe), richtet man sich bei der Wahl des Beutentyps nach der bevorzugten Arbeitsweise des Imkers.

Nachfolgend seien die heute gebräuchlichen modernen Beutentypen kurz vorgestellt. Am weitesten verbreitet ist die Magazinbeute, weshalb im weiteren Verlauf dieses Buches die Imkerei mit diesem Beutentyp beschrieben wird.

Hinterbehandlungsbeute

Sie ist der direkte Nachfolger der Klotzbeute und kommt der ursprünglichen Bienenwohnung am nächsten. Hinterbehandlungsbeuten gleichen kleinen Schränken, deren verschließbare Tür oder Klappe sich auf der Rückseite befindet. Die Waben werden in zwei Etagen (unten Brutraum, oben Honigraum) von hinten eingehängt und für die Wabenkontrolle und Honigentnahme auch von hinten entnommen.

Vorteil: Keine körperliche Belastung durch schweres Heben ganzer Zargen, wie das bei Magazinbeuten erforderlich ist.

Nachteil: Der Innenraum der Beute hat eine feste Größe und kann nur sehr bedingt der Volksstärke angepasst werden. Nimmt die Anzahl der Bienen im Stock erheblich zu, kommt es rasch zu Platzmangel und damit zur Schwarmneigung.

In Trogbeuten liegen Brutwaben und Honigwaben hinter- oder nebeneinander und können von oben entnommen werden.

Lagerbeuten und Trogbeuten

Dieser Beutentyp „liegt“, das heißt, er wird von oben geöffnet und bearbeitet. Die Waben befinden sich alle auf einer Etage (Ebene), sodass Honigraum und Brutraum neben- oder hintereinander liegen. Die gesamte Beute ist meist doppelt so lang und manchmal auch doppelt so breit wie die Zarge einer Magazinbeute.

Vorteil: Der Imker kann alle Waben von oben entnehmen und wieder zusetzen, ohne zuvor eine schwere Magazinzarge abheben zu müssen. Es ist aber auch möglich, eine Zarge aufzusetzen, dann entfällt der eben genannte Vorteil.

Der Beutenraum ist wesentlich größer als bei Hinterbehandlungsbeuten und lässt sich variabler an die Stärke des Bienenvolks anpassen. Das Aufsetzen einer zweiten Zarge ist möglich.

Nachteil: Die Größe ist zugleich auch ein Nachteil. Lager- und Trogbeuten eignen sich nur für feste Standorte, zum Wandern von einer Tracht zur nächsten sind sie zu unhandlich.

Magazinbeuten

Die Magazinbeute besteht aus einem Beutenboden, einer oder mehreren Zargen und einem Deckel. Jede Zarge kann zehn oder elf Waben aufnehmen. Die Anzahl der Zargen hängt von der Volksstärke und der Trachtsituation ab. Im Winter genügt oft nur eine Zarge als Brutraum, in Hochzeiten werden bis zu vier Zargen benötigt – zwei Brut- und zwei Honigräume.

Es gibt verschiedene Magazintypen, die sich in ihren Abmessungen unterscheiden. Zu den in Deutschland gebräuchlichen Maßen zählen unter anderen Zandermaß, Deutsch Normalmaß und das

Eine vierzargige Magazinbeute. Über dem Boden mit dem Flugloch befinden sich der erste und zweite Brutraum, darüber kommen zwei weitere Zargen als Honigräume. Auf der obersten Zarge liegt der Deckel.

wesentlich größere Dadantmaß. Dazu passend gibt es die entsprechenden Wabenmaße. Je größer das Maß, desto weniger Waben und Zargen benötigt man für ein Volk. Magazine und Waben im großen Dadantmaß bieten selbst in der Spitzenzeit der Volksentwicklung mit nur einem Brutraum und einem Honigraum genügend Platz.

Bei Magazinbeuten fügen die meisten Imker zwischen die jeweils oberste Zarge und den Deckel eine durchsichtige Folie ein. So wird verhindert, dass die Bienen den Deckel und die Waben direkt verkitten. Zudem kann man nach dem Entfernen des Deckels bereits die Bienen im darunterliegenden Raum beobachten, ohne sie unmittelbar zu stören.

Vorteile: Die Kontrolle der Völker erfordert einen geringen Zeitaufwand. Brut- und Honigräume lassen sich mittels unterschiedlicher Wabenarten flexibel an die Volksstärke anpassen. Zudem ermöglicht das Baukastenprinzip eine nahezu beliebige Größenanpassung des Innenraums und erlaubt eine vielfältige Nutzung der Bauteile. Magazinbeuten sind mobil und eignen sich für die Wanderimkerei.

Nachteil: Die belegten Zargen sind sehr schwer. Eine Honigzarge kann durchaus 30 Kilogramm auf die Waage bringen. Besonders schwer ist die Arbeit mit Beuten, die aus nur wenigen großen Zargen (Dadantmaß) bestehen. In einer Dadantzarge leben immerhin Bienenmassen und deren Futtervorrat, wie sie sonst in zwei Deutsch-Normalmaß- oder Zanderzargen untergebracht wären.

Waben, Wachs, Kittharz

Eine Wabe besteht aus einer größeren Anzahl von sechseckigen Zellen. Zur Herstellung der Wabenzellen erzeugen die Arbeitsbienen in ihren am Hinterleib liegenden Wachsdrüsen Wachsschüppchen, die sie mit ihren Mundwerkzeugen und unter Beifügen eines Sekrets aus der Oberkieferdrüse entsprechend in Form bringen. Zusätzlich verstärken

Tipp

Entnehmen Sie nur die reifen Honigwaben einzeln aus der Honigzarge und hängen Sie sie für den Transport zum Schleuderraum in eine leere Zarge ein. Das ist zwar etwas zeitaufwendiger, als gleich die gesamte Honigzarge mit allen Waben hin- und herzuschleppen, erspart dem Rücken aber unnötigen Ballast.

sie die Zellwände mit Kittharz (Propolis). Diesen „Baustoff" haben sie zuvor an klebrigen Blütenknospen abgenagt und wie Pollen an den Beinen in die Beute transportiert.

Zum Wabenbau benötigen die Bienen eine Fläche, an der sie die Wabe anheften können. In einem hohlen Baum ist das die Höhlendecke. Solche Waben müssen zur Honiggewinnung allerdings zerstört werden. Um die Wabe mehrfach nutzen zu können, wurde der bereits erwähnte herausnehmbare Wabenrahmen eingeführt. Er besteht aus vier Leisten, dem Oberträger, dem Unterträger und zwei seitlichen Wabenträgern. Vom Imker wird der Rahmen mit Längs- oder Querdrähten bespannt, auf die eine dünne Wachsplatte, die Mittelwand, geschweißt wird. Diese stabile Konstruktion bietet den Bienen eine Fläche zum Anheften ihrer Waben.

Es gibt unterschiedliche Wabentypen, deren Bezeichnung sich nach ihrer Farbe, dem Nutzungszweck und ihrem Alter richtet. „Junge Waben" wurden gerade erst gebaut. Sie erscheinen farblos bis gelb. Alte Waben sind dunkelbraun. Wird eine Wabe für die Aufzucht von Bienen genutzt, spricht man von einer Brutwabe, unabhängig davon, ob sie jung oder alt ist. Mit Honig gefüllte Waben werden Honigwaben genannt. Was sich hinter Begriffen wie Pollenwabe, Drohnenwabe und Leerwabe verbirgt, erklärt sich nun sicher von selbst.

Bei der Entstehung der Drohnenwaben gibt es eine Besonderheit: Sie werden in der Regel nicht an Mittelwänden ausgebaut, weshalb der Imker in den Brutraum einen sogenannten Baurahmen ohne Mittelwand einhängt. Bei guter Tracht bauen die Arbeiterinnen darin vom Frühjahr bis Frühsommer Drohnenzellen aus, um dort den männlichen Nachwuchs aufzuziehen. Ohne Baurahmen würden sich die Bienen dazu andere freie Stellen in der Beute und auf den Waben suchen – nicht immer zur Freude des Imkers.

Die hintereinander liegenden Brutwaben eines Volkes bilden das sogenannte Brutnest. Idealerweise liegt es im Zentrum aller Waben.

Geräte zur Honiggewinnung

Das Hauptziel der meisten Imker ist die Gewinnung des leckeren Honigs. Das wichtigste Hilfsmittel bei der Honigernte ist die Honigschleuder. Mit ihr wird der Honig durch Zentrifugalkraft aus den Wabenzellen geschleudert. Eine gute Schleuder ist recht preisintensiv, hält dafür aber ein Imkerleben lang. Eine kostensparende Alternative ist die gemeinsame Nutzung einer Schleuder durch mehrere Imker.

Mittelwand (links), eingeschweißte Mittelwand (Mitte), ausgebaute Wabe (rechts).

Dieser Baurahmen wurde von den Bienen vollständig mit Drohnenzellen ausgebaut. (Links: einmal bebrütet, rechts: nicht bebrütet.)

Außerdem wird ein doppeltes Honigsieb benötigt, um beim Schleudern anfallende Wachsreste aus dem Honig zu entfernen. Damit der Honig weich bleibt, muss er gerührt werden. Das kann mit einem einfachen Vierkantholz geschehen – die preiswerte Variante –, aber auch mit einer Bohrmaschine mit Rührspirale oder einer Rührmaschine aus dem Fachhandel.

Zur hygienischen Aufbewahrung des Honigs vor dem Abfüllen eignen sich luftdicht verschließbare Plastikeimer. Zum Befüllen der Gläser ist ein Plastik- oder Edelstahlkübel mit Quetschhahn hilfreich. Ersterer ist preiswerter und erfüllt seinen Zweck.

Falls Sie Ihren Honig verkaufen möchten, bedarf es zudem einer geeichten Waage, denn das auf dem Etikett ausgewiesene Gewicht muss auch im Glas enthalten sein.

Der richtige Standort für ein Bienenvolk

Kalte, nasse Standorte wirken sich ungünstig auf die Entwicklung der Bienen aus; sie können sogar Ursache für Krankheiten sein. Ansonsten sind Bienen robust und anspruchslos, vor allem, wenn es in der Umgebung des Standes kontinuierlich ver-

Der Schleuderkorb dreht sich mit hoher Geschwindigkeit. Durch die Zentrifugalkraft spritzt der Honig aus den Waben.

schiedene Trachten gibt. Wichtig ist es auch, dass der Bienenstand gut mit einem Fahrzeug zu erreichen ist. So muss man lange Wege mit schwerer Last, zum Beispiel vollen Honigzargen, nicht zu Fuß zurücklegen.

Erste Erfahrungen sammeln

Zur Klärung Ihrer ersten und vieler weiterer Fragen und zum Sammeln von eigenen Erfahrungen bieten sich folgende Möglichkeiten an:

Fragen Sie an einem Lehrbienenstand in Ihrer Nähe nach, ob Sie eine Zeit lang mitarbeiten dürfen. Idealerweise können Sie eine ganze Bienensaison lang einmal pro Woche oder individuell nach Absprache den praktischen Umgang mit den Bienen erlernen. So probieren Sie Ihr neues Hobby erst einmal aus, bevor Sie entscheiden, ob und in welchem Umfang Sie sich damit beschäftigen möchten.

Manche Imkervereine mit Lehrbienenständen oder auch einzelne erfahrene Imker, die „Bienenväter", bieten Interessierten an, ein oder zwei Völker unter Anleitung selbst aufzuziehen. Wer sich später für die eigene Imkerei entschließt, kann sein erstes Volk preiswert erwerben oder bekommt es sogar geschenkt.

Zahlreiche Landes-Imkerverbände organisieren Anfängerkurse für Jungimker. Der Besuch dieser Kurse sowie ergänzend ein oder mehrere Besuche bei Berufs- oder Hobbyimkern sind ein guter Einstieg in die Imkerei.

Anschaffungskosten

Für die Anschaffung von Geräten und Hilfsmitteln können zu Beginn der Imkerei nicht unerhebliche Kosten anfallen.

Unter www.cadmos.de finden Sie eine Tabelle, mit deren Hilfe Sie Ihre individuelle Kalkulation erstellen können.

Die Bienenkönigin (blau markiert) mit ihrem Hofstaat.

Der Bienenstaat

Die Mitglieder eines Bienenstaates bestehen aus einem einzigen fortpflanzungsfähigen weiblichen Wesen, der Königin, je nach Jahreszeit 10 000 bis 40 000 Arbeiterinnen und zeitweise ein paar Hundert bis etwa 2000 männlichen Bienen, den Drohnen.

Die Königin

Die Königin, auch Weisel genannt, ist in einem Bienenvolk normalerweise das einzige weibliche Bienenwesen, das begattet wird und befruchtete und unbefruchtete Eier legen kann. Aus befruchteten Eiern entwickeln sich Arbeiterinnen oder in speziellen Fällen Königinnen. Aus unbefruchteten Eiern entstehen die männlichen Bienen, die Drohnen.

Eine Königin schlüpft jungfräulich aus ihrer Zelle. Fünf bis sechs Tage nach ihrem Schlupf wird sie geschlechtsreif. Nach sechs bis zehn Tagen fliegt sie aus, um sich begatten zu lassen. Dazu sucht sie Drohnensammelplätze auf, wo sich Drohnen der Bienenvölker aus einem Umkreis von zwei bis drei Kilometern einfinden.

Die Königin paart sich bei ihrem Hochzeitsflug mit mehr als zehn Drohnen, deren Samen sie in ihrer Samenblase speichert; er reicht ihr Leben lang für die Befruchtung der Eier. Von nun an kann sie in jedem Sommer 1000 bis 2000 Eier pro Tag legen – ihre einzige Aufgabe im Bienenvolk. Der Imker nennt das „stiften", die Eier selbst bezeichnet er demnach als „Stifte". In der Zeit maximaler Eiablage entspricht das Gewicht der pro Tag gelegten Eier dem Körpergewicht der Königin.

Die Königin wird ihr Leben lang von den Arbeiterinnen mit Gelée Royale, dem Königinnenfutter, versorgt. Dieser spezielle Futterstoff ermöglicht ihr ein Lebensalter von fünf Jahren. Bei der Fütterung gibt sie spezielle Duftstoffe (Pheromone) an die Arbeiterinnen in ihrer Nähe ab, und diese geben sie wiederum an ihre Stockgenossinnen weiter. Das fördert den Zusammenhalt des Volkes.

Die Arbeiterinnen

Arbeiterinnen entwickeln sich wie die Königin aus befruchteten Eiern und verfügen nur über verkümmerte Eierstöcke. Sie sind wahre Alleskönnerinnen und erledigen in ihrem Leben je nach Altersabschnitt alle im Stock und im Feld anfallenden Aufgaben, wobei sie die erste Hälfte ihres Lebens als

Kennzeichnung der Bienenkönigin

Jahresendziffer	Farbe
1/6	Weiß
2/7	Gelb
3/8	Rot
4/9	Grün
5/0	Blau

Mithilfe eines Zeichenrohrs wird die Königin arretiert und auf dem Rückenschild entsprechend ihres Schlupfjahres farbig gekennzeichnet.

Ammenbienen bei der Brutpflege.

„Stockbienen“ in der Beute verbringen und in der zweiten Hälfte als „Flugbienen“ draußen auf Nahrungssuche gehen (siehe Tabelle „Aktivitäten der Arbeitsbienen“). Bei Bedarf führen sie jedoch auch Arbeiten aus, die ihrem Altersabschnitt nicht entsprechen.

Im Sommer besteht ein Volk aus etwa 40 000 Arbeiterinnen, im Winter sind es noch 10 000. Ihre Lebenserwartung ist deutlich kürzer als die der Königin. Sie beträgt in der Zeit der Hauptaktivitäten 20 bis 45 Tage, während der Winterruhe sind es sechs bis acht Monate.

Die Vielseitigkeit der Arbeiterinnen geht sogar so weit, dass sie in der Lage sind, ihre verkümmerten Eierstöcke auszubilden, falls die Königin stirbt und im Volk keine Brut vorhanden ist. Sie können dann auch Eier legen. Diese sind allerdings alle unbefruchtet, sodass daraus nur Drohnen schlüpfen. Die Eierlegenden Arbeitsbienen nennt man deshalb „Drohnenmütterchen“. Weil die Drohneneier in kleine Arbeiterinnenzellen abgelegt werden, haben die großen Drohnenlarven nicht genügend Platz für ihre Entwicklung. Sie wachsen über den Zellrand hinaus, wobei sich der darübergebaute Zelldeckel stark nach außen wölbt. Der Imker nennt solche Völker „buckelbrütig“ oder auch „drohnenbrütig“. Er erkennt daran, dass keine Königin mehr vorhanden ist. Ein solches Volk geht zugrunde, weil die Arbeiterinnen nach und nach sterben, aber keine neuen schlüpfen.

Die Drohnen

Drohnen sind die männlichen Wesen im Volk. Ihre einzige Funktion in ihrem kurzen, normalerweise vier bis fünf Wochen dauernden Leben ist es, eine Königin zu begatten. Dies geschieht nie in der Beute, sondern immer außerhalb an Begattungsplätzen in luftiger Höhe, wo sich Drohnen aus unterschiedlichen Völkern versammeln. Die Begattung „außer Haus“ mindert die Wahrscheinlichkeit, dass es zur Inzucht kommt. Nur 10 bis 20 Drohnen kommen bei der Begattung einer Königin zum Zuge. Sie fallen nach dem Begattungsakt tot ab. Nur der Penis bleibt in der Vagina der Königin zurück, bis er vor der nächsten Paarung von nachfolgenden Freiern weggestoßen wird.

Aktivitäten der Arbeitsbienen

Lebenstag	Aufgaben
1. und 2.	**Putzbienen** Frei gewordene Brutzellen säubern
3. bis 5.	**Ammenbienen** Fütterung der älteren Brut (Maden)
6. bis 12.	**Ammenbienen** Fütterung junger Larven; Annahme von Nektar, der von den Flugbienen gebracht wird; Weitergabe von Nektar an andere Stockbienen und Einlagerung des Nektars in die Zellen; Pollen in die Zellen stampfen; Putzarbeiten in der Beute
12. bis 18.	**Baubienen** Waben bauen
ab 16.	Orientierungsflüge vor dem Flugloch (Vorspiel)
17. bis 19.	**Wächterbienen** Flugloch bewachen
20. bis 45.	**Flugbienen** Ausfliegen und Nektar, Pollen, Kittharz und Wasser eintragen

Das Einstampfen von Pollen als Nahrungsvorrat gehört ebenfalls zu den Aufgaben der Ammenbienen.

Die Wächterbienen vor dem Flugloch lassen ankommende Flugbienen mit dicken Pollenhöschen ein.

Drohnen werden erst im Frühling, bei zunehmender Tracht und aufsteigender Temperatur, bis in den Hochsommer aufgezogen. Zeitweise leben dann bis zu 2000 Drohnen im Volk und werden von den Arbeiterinnen ernährt und betreut oder zumindest geduldet. Aus anatomischen Gründen sind die Drohnen selbst nicht in der Lage, Arbeiten im Stock zu verrichten.

Im Herbst und Winter werden männliche Wesen nicht mehr benötigt, weil auch keine Königinnen mehr aufgezogen werden. Wird das Futter knapp, weil das Nektarangebot in der Natur ausbleibt und der letzte Honig geschleudert wurde, werden sie deshalb „abgetrieben“: Zunächst stellen die Arbeiterinnen die Fütterung ein und nach einiger Zeit zerren sie die geschwächten Drohnen ins Freie, wo sie verenden. Geschieht dies massenhaft, spricht der Imker von der „Drohnenschlacht“. Erst im folgenden Frühling legt die Königin wieder unbefruchtete Eier in die Drohnenzellen.

Der Drohnenschlupf ist die mühsamste und oft einzige Aufgabe im Leben der männlichen Bienen.

Auf einer Drohnenwabe mit verdeckelten Zellen wird ein Drohn nach dem Schlupf von der deutlich kleineren Arbeiterin gefüttert.

Gemeinsamkeiten und Unterschiede der drei Bienenwesen

Alle drei Bienenwesen erfassen ihre Welt mit zwei großen Komplexaugen zur Orientierung und drei kleinen Punktaugen auf der Stirn für die Wahrnehmung der Lichtintensität. Eine wichtige Rolle spielen auch die Fühler. Auf ihnen sitzen nicht nur Sinneszellen für Geruch und Geschmack, sie dienen der Biene auch zum Ertasten der Umgebung und zum Wahrnehmen von Vibrationen. Letzteres könnte man im weitesten Sinne als „hören" bezeichnen. In den Beinen liegen ebenfalls solche Sinneszellen.

Die Mundwerkzeuge bestehen aus Oberkiefer, Unterkiefer und Unterlippe. Die schaufelartigen Oberkiefer können wie eine Zange genutzt werden. Arbeiterinnen bearbeiten mit ihnen zum Beispiel Wachs, verjagen Feinde oder schaffen tote Larven oder Bienen aus dem Stock. Die Oberkiefer der Drohnen und Königinnen sind zusätzlich gezahnt. So können sie beim Schlupf die Zelldeckel regelrecht aufschneiden, während die Arbeiterinnen den Deckel Stück für Stück abtragen müssen. Ein wachslösendes Oberkiefersekret wirkt dabei unterstützend.

Die Unterlippe dient der Nektaraufnahme. Sie hat die Form einer Zunge, deren Spitze zum Auftupfen von Flüssigkeit wie ein Löffelchen geformt ist. Die paarigen Unterkiefer bilden den wie ein Saugrohr wirkenden Rüssel, in dem sich die „Zunge" wie eine Pumpe vor und zurück bewegt. In Ruhestellung liegt der Rüssel eingeklappt in einer Furche an der Unterseite des Kopfes. Den längsten Rüssel haben die Arbeiterinnen, am kürzesten ist der Rüssel der Drohnen.

Einen Stachel haben nur die weiblichen Bienenwesen. Bei der Königin dient er lediglich der Bekämpfung junger Konkurrentinnen im eigenen Stock, die

Arbeiterinnen verteidigen ihr Volk damit gegen angreifende Insekten und Säugetiere.

Wachsdrüsen und Futtersaftdrüsen zur Erzeugung des Weiselfutters Gelée Royale sind nur bei den Arbeiterinnen ausgebildet. Drohnen und Königinnen brauchen diese Drüsen nicht.

Die Entwicklung vom Ei zum fertigen Insekt

Die Futterqualität, die Futtermenge und die Zellengrößen entscheiden über die Geschlechtsdifferenzierung.

90 Prozent aller Zellen in Brutwaben sind Arbeiterinnenzellen mit einem mittleren Durchmesser von 5,5 Millimetern und einer mittleren Tiefe von 11 Millimetern (Carnica). Nur 5 bis 10 Prozent sind die etwas größeren Drohnenzellen, die bei Carnica-Bienen im Mittel einen Durchmesser von 6,9 Millimetern und eine Tiefe von 16 Millimetern haben.

Königinnen entwickeln sich in sogenannten Weiselzellen. Diese sind dickwandig, zapfenförmig und haben eine Länge von 20 bis 25 Millimetern, was der Körperlänge der Königinnen entspricht. Weiselzellen hängen vertikal auf den Waben oder an den Wabenrändern.

Die Larven aller Bienenwesen schlüpfen drei Tage nach der Eiablage aus dem Ei. Insgesamt liegen die Eier beziehungsweise Larven etwa acht Tage in offenen Zellen. In dieser Zeit spricht man von offener Brut. Zwischen dem achten und neunten Tag verschließen Arbeiterinnen die Zellen mit einer dünnen Wachsschicht. Der Imker nennt das „verdeckeln". In den verschlossenen Zellen vollzieht sich nun die vollständige Umwandlung der Larven in Bienen. Bis zum Schlupf aus der Zelle häuten sich alle Bienenwesen sechsmal. Die Entwicklung bis zum fertigen Insekt dauert allerdings unterschiedlich lange, bei Königinnen 16, bei Arbeiterinnen 21 und bei Drohnen sogar 24 Tage. Der Imker sollte diese Zeiträume kennen. So kann er die Schlupftermine abschätzen oder unter kontrollierten Bedingungen sogar genau bestimmen.

Das Ei von etwa 1,7 Millimetern Länge wiegt bei allen Bienenwesen zunächst einmal gleich wenig, nämlich 0,12 bis 0,15 Milligramm. Sind die Larven nach drei Tagen aus dem Ei geschlüpft, dauert es nur etwa fünf weitere Tage, bis die Königinnenlarve das Tausendfache ihres Schlupfgewichts wiegt. Zum Vergleich: Eine Arbeiterinnenlarve wiegt sechs Tage nach dem Schlupf „nur" das Fünfhundertfache.

Wabe mit Weiselzellen.

Königinnenmade in Gelée Royale.

Die Königin wird von den Ammenbienen stets nur mit dem energie- und eiweißreichen Gelée Royale gefüttert. Auch Arbeiterinnen und Drohnen erhalten den Königinnensaft. Als alleinige Nahrung allerdings nur in den ersten Tagen, ältere Larven bekommen Pollen und Honig zugesetzt, und im letzten Larvenstadium wird ausschließlich ein Pollen-Honig-Brei gefüttert.

Wie Schwärme entstehen

Das Bienenvolk lebt wie ein einziger Organismus. Sterben Organismen, ohne dass sie Nachkommen hervorgebracht haben, gehen ganze Populationen zugrunde. Die bloße Vermehrung von Arbeiterinnen und Drohnen reicht nicht aus, um die Art zu erhalten. Der natürliche Schwarmtrieb der Bienen dient deshalb der Vermehrung des Staates durch Teilung des Volkes.

Vor dem Schwärmen lungern die Arbeiterinnen untätig vor dem Flugloch herum.

Bienenschwärme

Der Schwarmtrieb war in den vergangenen Jahrmillionen bis in die Gegenwart die Voraussetzung dafür, dass die Honigbienen als Art erhalten blieben. Die meisten Imker möchten das Schwärmen trotzdem verhindern, denn infolgedessen teilt sich das Volk. Die ausgezogenen Bienen fehlen dann beim Honigeintrag. Zudem kann das Einfangen des Schwarms aufwendig sein; nicht selten lässt er sich auch gar nicht mehr einfangen und die abgeschwärmten Bienen sind für immer verloren.

Ausgelöst wird die Schwarmstimmung durch Überbevölkerung und ein damit einhergehendes Überangebot von Futter. Das Bienenvolk ist so groß geworden, dass alle Waben und Wabengassen dicht mit Jungbienen belegt sind, die erheblich mehr Gelée Royale erzeugen, als zur Aufzucht der vorhandenen Larven notwendig wäre. Zudem sind alle Waben ausgebaut und die Zellen, teils sogar die der Brutwaben, randvoll mit Pollen und Honig. Es besteht sozusagen Arbeitsmangel im Volk. Die Arbeiterinnen beginnen in dieser Situation „Spielnäpfchen“ anzulegen. Werden diese von der Königin

Die Bienen setzen sich in der Schwarmtraube ab (rechts am Baum). Ein spannendes Ereignis!

bestiftet und sind damit zu Weiselzellen geworden, setzt die Schwarmstimmung ein, die sich auch an folgenden Anzeichen erkennen lässt:

Die Baurahmen werden immer zögerlicher und ungleich ausgebaut.

Am unteren Ende und an den Seiten der Brutwaben werden Weiselzellen angelegt.

Arbeiterinnen tummeln sich am Flugloch, ohne wie üblich geregelt aus und ein zu fliegen.

Es gibt immer weniger offene Brut, die Zellenzahl mit bereits verdeckelter Brut überwiegt.

Die Königin hat aufgehört zu stiften. Sie wird schlank, beweglich und flugfähig, weil sich ihre Eileiter zurückbilden.

Von der Eiablage in das Spielnäpfchen bis zum Verdeckeln der Weiselzelle dauert es neun Tage. Ab diesem Zeitpunkt ist die Schwarmstimmung im Volk kaum noch zu bremsen. Mitunter fliegt bereits an diesem Tag der sogenannte Vorschwarm mit der alten Königin aus. Wenn es so weit ist, stürzen scheinbar plötzlich Massen von Bienen wie ein Wasserschwall aus dem Flugloch, fliegen zunächst kreuz und quer und dann nach ein paar Minuten in Richtung von Bäumen und Sträuchern. Die alte Königin wird einfach „mitgerissen".

Nach und nach sammelt sich der Vorschwarm als schwarze Wolke um die Königin, die ihr Volk mit ihrem Duft anlockt. Wo sie sich hinsetzt, bildet sich eine Schwarmtraube, in der alle Bienenwesen und Altersklassen vertreten sind, und das ist auch gut so, denn sie wollen ja ein selbstständiges junges Volk werden.

In der Schwarmtraube wird zwar die Königin geschützt. Aber dauerhaft könnte das Volk so nicht überleben. Daher fliegen „Spurbienen" aus, um ein Dauerquartier zu suchen. Ihnen geeignet scheinende Hohlräume finden sie in unserer Landschaft in Form von hohlen Betonelektropfählen, Dachkästen, hohlem Mauerwerk und den selten gewordenen hohlen Bäumen. Im günstigsten Fall werden mehrere Spurbienen fündig, kehren zurück und tanzen ihren Genossinnen die Wegbeschreibung auf der

Sind die Wabengassen im Brutraum so dicht wie hier mit Bienen gefüllt, setzt mit ziemlicher Sicherheit bald Schwarmstimmung ein. Um dies zu verhindern, sollte das Volk „geschröpft“ werden.

Schwarmtraube vor. Irgendwie einigt sich das junge Volk nun auf den besten Platz und fliegt dorthin, um sich endgültig einzuquartieren. Selten finden sie ein passendes Quartier in kurzer Zeit, manchmal dauert es einen oder sogar mehrere Tage, vor allem dann, wenn die Schwarmtraube von einem Kälte- oder Regeneinbruch überrascht wird.

Nun gibt es zwei Völker, das alte mit einer oder mehreren jungen Königinnen, die noch in den Weiselzellen stecken, und das junge mit der alten Königin. Die Zellen der Brutwaben enthalten nun keine neuen Stifte mehr und kaum offene Brut. Hauptsächlich verdeckelte Brut ist noch zu sehen.

Ihren unmittelbar bevorstehenden Schlupf und damit die Übernahme der Macht im Stock kündigen die Jungköniginnen mit einem relativ lautstarken „Tüten“ an. Ist die erste von ihnen geschlüpft, spielt sich im Bienenstock eine Tragödie ab. Sie läuft sofort dem „Tüten“ ihrer jüngeren Konkurrentinnen nach, beißt deren Weiselzellen seitlich auf und ersticht die Rivalin. Sind mehrere Jungköniginnen gleichzeitig geschlüpft, kann es zu einem Kampf auf Leben und Tod kommen, sofern sie sich begegnen. Weil in dem großen Beutenraum ein Entkommen durchaus möglich ist, kommt es nicht selten vor, dass kurzfristig mehrere Jungköniginnen im Stock sind – sie fliegen als Nachschwärme mit jeweils etwa der Hälfte der noch übrigen Arbeiterinnen weg. Nur eine Jungkönigin verbleibt mit dem nun erheblich dezimierten Restvolk im Stock. Eine Honigernte ist von diesem nicht mehr zu erwarten.

Nachschwärme lassen sich nur dadurch verhindern, dass man rechtzeitig vor dem Schlupf der Jungköniginnen alle Weiselzellen bis auf eine ausbricht.

Schwärmen verhindern

Eine wirksame, jedoch zeitaufwendige Maßnahme zur Schwarmverhinderung ist das Kontrollieren aller Waben auf angelegte Weiselzellen im siebentägigen Rhythmus. Die gefundenen Zellen werden ausgebrochen. Wegen ihrer Größe und Form erkennt man sie meist leicht. Mitunter sind sie aber in Wabenecken und unter den Bienenmassen versteckt. Um diese nicht zu übersehen, bedarf es einiger Übung.

Eine weitere Möglichkeit bei bereits vorhandenen Weiselzellen ist das Entfernen der Königin. Alle Weiselzellen bis auf eine werden danach ausgebrochen. Ist genügend offene und verdeckelte Brut auf den Waben, bleibt das Volk stark genug, um Honig einzutragen, bis die neue Königin herangewachsen ist und für Nachwuchs sorgen kann. Zugleich kann mit der alten Königin ein neues Volk gegründet werden.

Des Weiteren bietet es sich an, Überbevölkerung und damit Arbeitsmangel sowie allzu reichlichen Pollenvorrat auf den Waben als Auslöser für die Schwarmstimmung zu verhindern. Stellt man also fest, dass die Bienen in den Wabengassen zu eng sitzen, kann das Volk geschröpft werden. Dazu entnimmt man Brutwaben und Jungbienen, die anschließend zur Bildung neuer Völker genutzt werden können. Auch kann man die Arbeiterinnen durch das Zusetzen von Mittelwänden zum Bau neuer junger Waben anregen, um sie zu beschäftigen. Ebenfalls sinnvoll ist das regelmäßige Ausschneiden der Drohnenwaben kurz nach dem Verdeckeln. Die Bienen bauen diese Waben erneut aus und benötigen reichlich Futter für die Aufzucht der neuen Brut. Fast ausschließlich mit Pollen gefüllte Waben (Pollenbretter) sollten aus dem Volk entnommen und durch Mittelwände ersetzt werden.

Tipp

Beide Vorderflügel der Königin um ein Viertel kürzen. Sie verspürt weder Schmerzen noch sonstige Unannehmlichkeiten! Lediglich ihre Flugkraft wird gemindert. Diese Maßnahme kann das Schwärmen zwar nicht verhindern, erleichtert aber das Einfangen des Schwarms. Bereits kurz nach dem Aufbruch wird sich die Königin an einen tief hängenden Ast setzen, wo sich die Schwarmtraube um sie bildet.

Der gesamte Vorschwarm hat sich in einer Traube um die Königin versammelt.

Das Volk schwärmt – was tun?

Wenn ich das Schwärmen eines Volkes nicht verhindern konnte, genieße ich diesen Anblick, das Gewusel und scheinbare Durcheinander am Flugloch, am Himmel und dort, wo sich die Schwarmtraube absetzt. Der Schwarmvorgang an sich dauert nur ein paar Minuten, danach vergehen noch 10 bis 20 Minuten, bis sich der Schwarm gesetzt hat. Habe ich die Möglichkeit, besprühe ich die schwärmenden Bienen so gut es geht mit Wasser, mit dem Ziel, die Königin zu erwischen. Sie wird dann flugunfähig und setzt sich in der Nähe ab.

Ist ein Schwarm entdeckt, sollte man rasch, aber nicht hektisch handeln. Man muss ihn einfangen, bevor er in sein endgültiges Quartier abfliegt. Zuerst wird die Schwarmtraube gut nass gesprüht.

Der Schwarm wird in einen Schwarmfangkasten eingeschlagen. Erfahrene Imker können dabei in der Regel auf Schutzkleidung verzichten. Die Bienen kümmern sich in dieser Zeit mehr um ihre Königin als um den Imker.

Die noch umherfliegenden Schwarmbienen suchen ihre Königin, die sich bereits im Schwarmfangkasten befindet.

Hängt sie an einem Ast, hält man nun den Schwarmfangkasten unter die Traube und schüttelt den Ast mehrmals ruckartig und kräftig. Die Traube löst sich und die meisten Bienen fallen in das Behältnis. Wichtig: Die Königin muss dabei sein, sonst fliegen die Bienen wieder weg.

Der Kasten wird nun an einer schattigen Stelle in der Nähe aufgestellt und bei sehr warmem Wetter zur Kühlung mit einem nassen Tuch abgedeckt. Das Flugloch des Fangkastens muss geöffnet sein. Ist die Königin darin, locken die von ihr verbreiteten Pheromone die restlichen noch umherfliegenden Schwarmbienen in den Kasten. Das dauert in der Regel ein bis zwei Stunden.

Hängt der Schwarm ungünstig um einen Stamm oder mehrere starke Äste, muss er eingekehrt werden. Hier besteht ebenfalls die Kunst darin, die Königin zu erwischen. Hat man dem Schwarmfangkasten eine Mittelwand oder einen Baurahmen

In der Schwarmzeit hält der Imker folgende Utensilien bereit: einen Schwarmfangkasten oder einen großen, leichten Behälter, der gut belüftet werden kann, sowie eine sprühbereite Wasserspritze, eine Leiter, einen Imkerbesen oder Gänseflügel und ein feuchtes Tuch zum Abdecken des Fanggefäßes.

Tipp

Mit einem Wasseranschluss, einem Schlauch und einer Sprühpistole lässt sich eine Wasserwand in Fluchtrichtung des Schwarms aufbauen. Leider ist diese sehr effektive Möglichkeit der Fluchtverhinderung nicht an jedem Bienenstand gegeben.

Ein Schwarm wird eingefegt. Die unbequeme Variante.

Eine Brutwabe mit Arbeiterinnenzellen, die zu Nachschaffungszellen ausgebaut wurden.

zugesetzt, bildet sich darauf rasch erneut eine Traube. Sobald die Bienen ruhig auf der Mittelwand sitzen, kann man sie leicht in eine Beute umquartieren. Man sorgt für weitere Mittelwände, Leerwaben und Futter. Wenn der Futterstrom nicht abreißt, bauen die Arbeiterinnen die Mittelwände rasch aus, schaffen Futter in die Leerwaben und die Königin wird nach einigen Tagen stiften. Ein neues Volk ist entstanden.

Nachschaffungszellen sind keine Schwarmzellen

Stellen Sie sich vor, die Königin stirbt. Der Verlust der Königin ist die denkbar schlimmste Situation für den Bienenstaat. Ohne Königin stirbt das Volk früher oder später aus, denn die Arbeiterinnen leben nur etwa 45 Tage, in der Hauptsaison noch kürzer, und nur die Königin kann für Nachwuchs sorgen. Damit das nicht passiert, hat die Natur eine Sicherung eingebaut: Die Arbeiterinnen bemerken nach kurzer Zeit die königliche Abwesenheit und leiten Rettungsmaßnahmen ein. Sie bauen Arbeiterinnenzellen mit jungen Larven zu Weiselzellen aus und füttern die Larven mit Gelée Royale. So entwickelt sich eine Weisel aus einem ehemals für Arbeiterinnen vorgesehenen Ei. Während die typischen Schwarmzellen in der Regel an den unteren oder seitlichen Wabenträgern angelegt sind, sitzen Nachschaffungszellen direkt auf der Brutwabe. Da keine alte Königin im Volk ist, wird es keinen Schwarm geben. Dennoch ist es sinnvoll, lediglich eine gut entwickelte Nachschaffungszelle zu belassen.

Bei gestaffelter Aussaat dient Bienenfreund (Phacelia)
Jungvölkern wie Wirtschaftsvölkern von Anfang Juni bis September als wertvolle Nahrungsquelle.

Völkervermehrung und Jungvolkbildung

Im Frühsommer ist der günstigste Zeitpunkt für die Völkervermehrung. Massenhaft aufgezogene Jungbienen lassen die Völker erstarken und die nun einsetzende Schwarmstimmung nutzt der Imker für seine Zwecke. Er bildet Jungvölker. Früh im Jahr gebildete Völker haben lange genug Zeit, um ihren Staat aufzubauen. So können sie mit vielen Bienen in den kommenden Winter gehen.

Vermehrung oder Zucht?

Als Anfänger wird man sich zunächst einmal nur mit der Vermehrung beschäftigen. Dabei geschieht die Verpaarung der Geschlechter rein zufällig. Bei der Zucht hingegen werden ausgesuchte Königinnen und Drohnen gezielt zueinandergeführt. Auf diese Weise möchte man Nachkommen mit ganz bestimmten erwünschten Eigenschaften erzeugen. Welche Königinnen und Drohnen sich zur Zucht eignen, zeigen Leistungsprüfungen für Bienenvölker.

Bienenzucht kann auf zwei Weisen erfolgen. Der sicherste Weg ist die künstliche Besamung. Diese gibt es bei Bienen tatsächlich! Die zweite Möglichkeit ist die natürliche Befruchtung an sogenannten Begattungsständen, an denen leistungsgeprüfte Drohnenvölker stehen. Damit sich dort keine fremden Drohnen einfinden, sind diese Begattungsstände weit entfernt von anderen Bienenständen eingerichtet. Stellt man dort nun eine Königin von einem leistungsgeprüften Volk auf, wird sie bei ihrem Begattungsflug mit ziemlicher Sicherheit von ebenfalls leistungsgeprüften Drohnen begattet. Die Nachkommen weisen mit einiger Wahrscheinlichkeit die vom Züchter gewünschten Eigenschaften auf, weshalb Königinnen aus einer Zucht teurer sind als Königinnen, die aus einer natürlichen Völkervermehrung hervorgingen.

Zucht kostet allerdings Zeit und Geld. Sie ist sinnvoll und spannend, jedoch keine Bedingung für die Imkerei. Vor allem für Einsteiger in dieses Hobby hat die Vermehrung ihre Berechtigung und soll deshalb im Folgenden ausführlicher erklärt werden.

Den Schwarmtrieb nutzen

Schwärme sind für den Imker eine Möglichkeit, den Volksbestand zu vermehren, aber längst keine sichere Lösung, denn nicht wenige Schwärme fliegen unbemerkt weg. Man muss die Entwicklung der Schwarmstimmung in seinen Völkern schon sehr genau beobachten, um den Abflug des Vorschwarms vorhersehen zu können und rechtzeitig zur Stelle zu sein, um ihn wieder einzufangen.

Bei dieser Form der Völkervermehrung handelt es sich nicht um Jungvolkbildung im eigentlichen Sinne, denn zumindest der Vorschwarm ist nicht identisch mit einem Jungvolk. Seine Königin ist mindestens ein- oder zweijährig und ihre Nachkommen werden noch immer vom Spermavorrat des ersten Hochzeitsflugs geprägt. Zunächst setzt aber immerhin ein verstärkter Trieb zum Wabenbau ein, die alte Königin beginnt nach ein paar Tagen wieder zu stiften und das Volk kann auch im kommenden Jahr gute Honigleistungen erbringen.

Anders ist es bei der gerade geschlüpften jungen Königin, die im Restvolk zurückbleibt. Wenn sie begattet vom Hochzeitsflug zurückkehrt, entsteht in der Beute des alten Volkes mit der Zeit ein Jungvolk. Die Töchter der alten Königin sterben nach und nach, die schlüpfenden Jungbienen stammen von anderen Vätern ab.

Hat man den Vorschwarm eingefangen, ist die Völkervermehrung geglückt.

Diese Brutwabe mit ausreichender Bienenzahl und verdeckelter Brut ist gut für die Bildung eines Brutablegers geeignet. Wichtig: Die Königin darf nicht unter der Bienenmenge sein!

Brutableger

Die Bildung von Brutablegern ist eine recht einfach zu bewerkstelligende Variante der Jungvolkbildung. Wie der Name schon vermuten lässt, wird der Ableger aus noch in den Waben befindlicher Brut und Stockbienen eines oder mehrerer Völker zusammengesetzt. Brutableger können immer dann gebildet werden, wenn ein oder mehrere stark entwickelte Völker zur Verfügung stehen, die geschröpft werden können oder – zur Schwarmverhinderung – geschröpft werden müssen.

Pro Brutableger stellt man eine einzargige Magazinbeute als Brutraum bereit. Bevor man nun damit beginnt, sie mit Waben zu bestücken, muss man sich darüber im Klaren sein, ob der Ableger mit einer Weisel besetzt werden soll oder kann oder ob sich die Bienen selbst eine Königin aufziehen sollen.

Bei beiden Varianten werden die Waben in folgender Reihenfolge in die Zarge gehängt:

- eine Wasserwabe – sie wurde mit Wasser benetzt, um den Stockbienen ausreichend zur Kühlung und Futterverarbeitung benötigte Flüssigkeit zur Verfügung zu stellen,
- eine Futterwabe,
- ein bis fünf Brutwaben,
- eine weitere Futterwabe.

Soll eine Weisel aufgezogen werden, muss bei den Brutwaben eine mit jüngsten Larven dabei sein, denn nur aus ihren Zellen ziehen die Bienen

Wichtig

Mit den Brutwaben darf keinesfalls die Königin des zu schröpfenden Volkes in die neue Beute gelangen. Sie muss auf den entnommenen Waben gesucht und so lange in einen Käfig gesperrt werden, bis alle gewünschten Waben entnommen und an deren Stelle Leerwaben oder Rahmen mit Mittelwänden eingehängt wurden.

Danach wird die Königin zu ihrem alten Volk zurückgesetzt.

Nachschaffungszellen aus. Alternativ kann man mit den Brutwaben zugleich eine offene oder verdeckelte Weiselzelle zusetzen. Das verkürzt den Zeitraum bis zum Schlupf der Königin, weil nicht erst Nachschaffungszellen angelegt werden müssen.

Bei der zweiten Variante setzt man dem Brutableger gleich eine begattete oder unbegattete Königin zu. Ist sie bereits begattet, umgeht man das Risiko, dass sie beim Hochzeitsflug zu Schaden kommt und sogleich eine neue Königin gebraucht wird.

In jedem Fall müssen in dem Ableger genügend Bienen vorhanden sein, um die Brut gut wärmen und versorgen zu können. Befindet sich auf den eingesetzten Waben nur eine geringe Bienenzahl, kann man aus dem Volk, dem der Ableger entnommen wurde, noch auf einer Honigwabe sitzende Bienen hinzufügen. Dabei handelt es sich meist um Stockbienen. Dies kann vor allem dann notwendig sein, wenn man den Brutableger auf dem eigenen Stand aufstellt und auf den verwendeten Brutwaben zu viele Flugbienen saßen. Die Flugbienen kehren nämlich zu ihrem alten Volk zurück. Ohne die zusätzlichen Stockbienen wäre das neue Volk zahlenmäßig zu schwach.

Diese Brutwabe ist schwach besetzt.
Wird mit ihr ein Ableger gebildet, müssen weitere junge Stockbienen hinzugefügt werden.

Je früher im Jahr die Brutableger gebildet werden, umso weniger Brutwaben sind nötig, damit sich bis zum Spätsommer ein kräftiges Volk entwickeln kann. Je mehr Brutwaben und Jungbienen verwendet werden, umso rascher verfügt man allerdings über ein kräftiges neues Volk. Die Anzahl der zugesetzten Brutwaben wird nur durch deren Verfügbarkeit begrenzt.

Kunstschwarm

Jungvolkbildung und Völkervermehrung lassen sich auch durch Kunstschwarmbildung erreichen. Für einen Kunstschwarm werden Bienen von sechs bis zehn Brut- und Honigwaben eines oder mehrerer Völker in einen gut belüfteten Behälter gekehrt oder abgestoßen. Hier werden Bienen aller Altersgruppen, nicht nur Stockbienen, miteinander vereinigt. Die Mischung ähnelt der eines richtigen Schwarms.

Weiselprobe

Ob ein Kunstschwarm, ein Ableger oder auch ein Wirtschaftsvolk als Einheit funktioniert, erkennt man daran, dass nebeneinander liegende Wabenzellen bestiftet sind. Ist das nicht der Fall, kann die Anwesenheit einer Königin durch die „Weiselprobe" überprüft werden. Dazu wird dem Volk eine Brutwabe mit ein- bis dreitägigen Larven oder Stiften zugesetzt. Wurden nach fünf Tagen Nachschaffungszellen ausgebildet, ist keine Königin im Volk. Belässt man eine dieser Zellen, zieht das Volk eine junge Königin nach. Alternativ können alle Nachschaffungszellen ausgebrochen und nach ein paar Stunden eine unbegattete oder begattete Königin oder auch eine Weiselzelle aus einem wertvollen Volk zugesetzt werden.

Wie bei der Ablegerbildung ist zu beachten, dass keine Königin dabei ist. Meist werden Kunstschwärme recht spät, nach der Sommersonnenwende, gebildet – aus älteren, zuvor bereits wirtschaftlich genutzten Völkern. In dieser späten Jahreszeit benötigt man etwa zwei Kilo Bienen für ein neues Volk.

Die Bienen werden mit Wasser besprüht, um ihre Flugfähigkeit einzuschränken, und dann direkt in eine vorbereitete Beute eingeschlagen. Zuvor wurde das Flugloch verschlossen. Ein Gitterboden sorgt für die Belüftung. Wie beim Brutableger hat man eine Wasserwabe, Mittelwände und Futter, aber keine Brutwaben zugesetzt. Nach zwei Stunden oder am Abend „beweiselt" man das Volk durch Zusetzen einer Königin in einem mit Futterteig verschlossenen Zusetzkäfig.

Die Beute wird nun für drei Tage in einen kühlen, dunklen Raum und danach am Bienenstand aufgestellt. Das Volk muss nun gut mit Flüssigfutter versorgt werden. Nur so stiftet seine Königin kontinuierlich und es wird bis zum Spätsommer stark genug, um später gut über den Winter zu kommen.

Beweiseln, Entweiseln, Umweiseln

Wird einem weisellosen Volk eine Königin (Weisel) zugesetzt, spricht der Imker vom Beweiseln. Dies ist in einem Kunstschwarm meist problemlos möglich, weil die Bienen sich in einer neuen Beute befinden, wo sie sich ohne den Duft von offener Brut und/oder einer Königin weisellos fühlen. Problematisch kann es werden, wenn die Bienen eines Volks noch den Duft der alten Königin verspüren oder offene Brut einer vorherigen Königin einen ähnlichen Effekt bewirkt. Dann wird eine neue Königin nicht ohne Weiteres akzeptiert und mitunter sogar von den Arbeiterinnen abgestochen, sofern der Imker keine Vorsorge trifft (Zusetzkäfig).

Ein Trichter leistet beim Einkehren in den gut belüfteten Schwarmfangkasten gute Dienste.

Zur Sicherheit werden Königinnen deshalb meist in einem kleinen Zusetzkäfig ins Volk „geschleust". Die Öffnung des Käfigs wird mit Futterteig verschlossen, dann hängt man ihn zwischen zwei Waben in den Brutraum. Während der Futterteig über ein bis zwei Tage von den Arbeiterinnen aufgefressen und die Königin damit aus dem Käfig befreit wird, verteilt sich ihr Duft in der Beute. So gewöhnen sich die Arbeiterinnen an ihre neue Königin.

Soll eine Königin ausgetauscht werden, etwa weil ihr Spermavorrat zu Ende gegangen ist und sie nur noch wenige Eier legt, entnimmt man sie – das Volk wird „entweiselt". Nach 24 Stunden erfolgt die Beweiselung mit einer neuen Königin. Diesen Vorgang des aufeinanderfolgenden Ent- und Beweiselns nennt der Imker „Umweiseln". Ist die alte Königin weg, sorgt die neue mit ihrem Duft für den weiteren Zusammenhalt des Volkes. Zugleich wird das Volk durch die Brut der neuen Königin verjüngt.

Linden liefern den Bienen Nektar und Honigtau.

Bienenprodukte

Wer mit der Imkerei beginnt, hat eine Fülle neuer Informationen zu verarbeiten. Daher wird man sich zunächst vornehmlich der Haltung von Bienen und der Honiggewinnung widmen. Alle anderen Produkte sind für den Anfänger interessant, stehen aber erst einmal an zweiter Stelle der Betrachtung. So wollen wir es auch hier handhaben.

Honig

Honig kann aus bis zu 30 verschiedenen Zuckerverbindungen bestehen, weil die Bienen dem aufgenommenen Nektar und Honigtau Fermente zumengen, die eine Zuckerart in eine andere umwandeln können. Alle Zuckerartenanteile in den Honigsorten schwanken. Die wichtigsten sind Traubenzucker (28 bis 35 Prozent), Zweifachzucker (4 bis 15 Prozent) und Fruchtzucker (34 bis 41 Prozent). Weitere Bestandteile des Honigs sind Pollen, Aroma- und Duftstoffe, Säuren, Vitamine, Minerale und die bereits genannten Fermente.

Wie Honig entsteht

Die wichtigsten Quellen für Honig sind Nektar und Honigtau. Nektar wird von den Nektardrüsen der Blüten und den Nektarien verschiedener Pflanzenteile abgegeben. Honigtau ist reinster zuckerhaltiger Pflanzensaft, der aus zuckerhaltigen Ausscheidungsprodukten spezieller Blattlausarten besteht. Sie saugen den Saft aus den Leitungsbahnen der Pflanzen, entziehen ihm Eiweißstoffe und geben den übrig gebliebenen Zucker in Tropfenform wieder ab.

Der Wassergehalt von Nektar und Honigtau liegt meist über 80 Prozent, wird aber bereits vor dem Eintrag in die Waben von den Bienen erheblich vermindert. Transportiert werden Nektar und Tau in der Honigblase, die als Transportbehälter vor dem Bienendarm liegt. Wenn die Flugbiene von der Tracht zur Beute weite Strecken zurücklegt und zwischendurch Energie tanken muss, kann sie über ein Ventil winzige Mengen der wertvollen Fracht aus der Honigblase zum Verbrauch in den Darm abgeben. Was bei der Ankunft im Stock noch übrig ist, gibt sie über den Rüssel an Stockbienen weiter. Bei dieser Übergabe werden Nektar oder Tau weiter eingedickt und zugleich werden Sekrete aus den Futtersaft- und Speicheldrüsen hinzugefügt. Wiederholte Aufnahme und Abgabe in die Zellen sowie

Eine Wabe wird entdeckelt.

warme Luftzirkulation in der Beute dicken den Saft weiter ein, bis er zu Honig geworden ist. Dabei fügen die Bienen auch Wasserstoffperoxid und Säuren hinzu. Sie wirken antibakteriell.

Die Honigernte

Ob der Honig schon schleuderreif ist und geerntet werden kann, erkennt der Imker am Zustand der Honigwaben und des Honigs. Zur sicheren Konservierung des Honigs als Wintervorrat werden die Honigzellen von den Bienen mit einem Wachsdeckel versehen. Anzeichen für schleuderreifen Honig sind halb bis zu zwei Dritteln verdeckelte Waben und ein zähflüssiger Honig in den restlichen offenen Wabenzellen. Die Verdeckelung nimmt man leicht optisch wahr, die Zähflüssigkeit und damit indirekt den Wassergehalt muss man prüfen. Dazu gibt es eine einfache Methode, die Spritzprobe: Man stößt die Wabe ruckartig und kräftig vom Körper weg über den anderen Waben ab. Lösen sich Spritzer, ist der

Damit der Honig weich und cremig bleibt, muss er gerührt werden.

Der fertige Honig wird in Gläser abgefüllt.

Honig noch nicht schleuderreif. Genauer lässt sich der Wassergehalt und damit die Schleuderreife mithilfe eines Handrefraktometers aus dem Fachhandel bestimmen. Besonders dann, wenn man noch keine oder sehr wenig praktische Erfahrung mit dem Schleudern hat, kann so ein Gerät hilfreich sein. Mitunter werden Refraktometer auch von Imkervereinen an die Mitglieder verliehen.

Vor dem Schleudern werden die reifen Waben aus der Beute entnommen und von Bienen befreit. Danach kommen sie sofort in eine leere Zarge, die verschlossen wird, um die Waben vor erneutem Bienenbeflug zu schützen.

Bevor geschleudert wird, müssen die Wabenzellen entdeckelt werden. Das lässt sich auf unterschiedliche Weise bewerkstelligen. Preiswert und mit etwas Übung leicht zu handhaben ist eine Entdeckelungsgabel. Nach dem Entdeckeln kommen die Waben in den Schleuderkorb und werden darin ausgeschleudert. Durch die Zentrifugalkräfte fliegt der Honig an die Innenwand der Schleuder, läuft daran hinunter, sammelt sich am Boden und fließt schließlich über einen Auslauf mit Quetschverschluss aus der Schleuder in ein grobmaschiges Sieb. Von da tropft er in ein feinmaschiges Sieb und danach in den Honigeimer. In den Sieben bleiben Wachsteilchen und grobe Zuckerkristalle zurück. Für den Eigenbedarf könnte der Honig im Grunde so schon gelagert und verbraucht werden. Eine gute, verkaufsfähige Honigqualität erfordert aber noch etwas Arbeit.

Honigqualität

Die Qualität des Honigs wird von den Inhaltsstoffen und dem Wassergehalt bestimmt, die wiederum von der Qualität der Tracht und der Arbeit der Bienen abhängen. Aber auch der Imker kann noch einiges zu einer guten Honigqualität beitragen. Nach dem Schleudern steigen innerhalb von 24 Stunden Luftbläschen und Wachspartikel an die Oberfläche und setzen sich als Schaum ab. Dieser wird mit einem Teigschaber entfernt und kann wieder an die Bienen verfüttert werden. Nach dem Abschöpfen des Honigschaums wird der Honig gerührt, um ihn „weich" zu halten, denn sonst kristallisieren Honige wie jede andere übersättigte Lösung. Manche innerhalb weniger Tage, andere erst Monate nach dem Schleudern. Das kommt darauf an, ob sie überwiegend Traubenzucker oder Fruchtzucker enthalten. Rapshonig hat zum Beispiel einen hohen Anteil an Traubenzucker. Er kristallisiert in wenigen Tagen feinkristallin und wird ohne Rühren fest wie Stein. Akazienhonig hingegen besitzt einen sehr hohen Fruchtzuckeranteil und kristallisiert sehr

langsam, was ihn fast dauerhaft flüssig bleiben lässt. Honig aus der Sommertracht kristallisiert in der Regel langsam und grobkörnig. Er bleibt zwar weich, fühlt sich jedoch auf der Zunge wie Sandpapier an.

Honig, der sich auf der Zunge unangenehm anfühlt oder den man nicht streichen kann, sondern regelrecht zerbeißen muss, würde von den Verbrauchern aber wohl nicht gerade gut angenommen. Deshalb werden durch das Rühren kleine Traubenzuckerkristalle gleichmäßig verteilt und große zerstört und dann ebenfalls verteilt, damit sich keine Kristallverbunde mehr bilden können. So bleibt der Honig dauerhaft „streichzart" und wird dann auch gern gegessen und gern gekauft.

Gelagert wird der Honig nach dem Schleudern und Rühren zunächst in einem lebensmittelechten und wasserdicht verschlossenen Plastikeimer, damit er kein Wasser aus der Luft und sogar Fremdgerüche aufnimmt. Der fertige Honig wird später in dicht schließende Gläser gefüllt und kühl, bei etwa 10 bis 14 Grad Celsius, und dunkel gelagert. So bleiben die wertvollen Inhaltsstoffe erhalten.

Honigsorten

Verschiedene Pflanzenarten liefern nicht nur unterschiedliche Honigmengen, die Erzeugnisse unterscheiden sich auch in Konsistenz, Farbe, Geruch und Geschmack.

Nach der Herkunft unterscheidet man Blütenhonige aus Nektar und Tauhonige aus Honigtau. Letztere werden auch als Blatt- oder Waldhonig bezeichnet.

Tipp

Rühren Sie den Honig mehrmals mit etwa 50 Umdrehungen pro Minute. So wird er schön cremig. Das Rührgerät muss dabei immer unter der Oberfläche bleiben, sonst würde Luft in den Honig gerührt.

Es gibt Mischhonige und Sortenhonige. Die Bezeichnungen Blütenhonig, Frühtrachthonig und Sommertrachthonig weisen darauf hin, dass es sich um eine Mischung handelt. Hier kann der Imker keine genaueren Angaben machen, von welchen Pflanzen der Honig stammt.

Bei Sortenhonigen ist das anders. Die Sortenbezeichnung „Obstblüte" besagt, dass der Imker genau weiß, dass seine Bienen den Nektar hauptsächlich von Blüten der Obstbäume eintragen konnten, da es im sehr weiten Umkreis keine andere attraktive Tracht gab. Sehr speziell sind Sortenbezeichnungen wie Rapshonig oder Lindenhonig. Bei Laboruntersuchungen muss nachgewiesen werden, dass mindestens 50 Prozent der im Honig

Ausgewählte Honigsorten.

Oben: Waldhonig (links) und Löwenzahnhonig (rechts).

Unten: Lindenhonig (links), Raps- mit Kleehonig (Mitte) und Rapshonig (rechts).

enthaltenen Pollen von der angegebenen Tracht stammen. Pollen von Nebentrachten dürfen in geringeren Mengen enthalten sein. Zudem müssen Aroma, Duft, Geschmack und Farbe ebenso wie der Fructosegehalt den festgelegten Normen entsprechen. So ist Rapshonig durch seine weiß bis hellbeige Farbe und ein dezentes Aroma gekennzeichnet. 100 Gramm Honig müssen 39 Gramm Frucht- und 42,2 Gramm Traubenzucker enthalten. Lindenhonig ist hingegen hell- bis dunkelbeige mit kräftigem Aroma. Pro 100 Gramm liegt der Fruchtzuckergehalt bei 37,7 Gramm und der Traubenzuckergehalt bei 33,3 Gramm.

Weitere Beispiele für Sortenhonige sind der klare, blassgelbe Akazienhonig mit mildem und süßem Aroma sowie Löwenzahnhonig und Fenchelhonig. Um echte Sortenhonige zu erzielen, muss der Imker meist mit seinen Völkern zu entsprechenden Trachten wandern.

Wird Honig in den Verkehr gebracht, müssen auf den Etiketten die Honigsorte, die Überwachungsnummer und Adresse der Imkerei, Haltbarkeitsangaben und das Gewicht stehen.

Wichtig

Im Honigglas muss das drin sein, was auf dem Etikett steht. Bringt man Honig mit einer falschen Sortendeklaration in den Handel, wird dies geahndet.
Nutzen Sie zunächst einfach die gängigen Bezeichnungen für die Mischhonige.
Später können Sie immer noch auf die aufwendigere Erzeugung von Sortenhonigen umsteigen.

Pollen

Der Pollen ist zwar vor allem Bienennahrung. Er wird von manchen Imkern aber auch gesammelt, tiefgekühlt, getrocknet, gereinigt, luftdicht verpackt und vermarktet oder für den eigenen Verzehr genutzt. Neben Eiweiß enthält er Fett, Kohlenhydrate, Vitamine, Fermente, Mineralstoffe und Spurenelemente.

Für das Sammeln verwendet man Pollenfallen. Dazu wird ein kleiner Maschendraht vor das Flugloch angebracht, darunter befindet sich eine Auffangschale. Wenn die Bienen durch die Maschen kriechen, streifen sie einen Teil des Pollens ab, der sich in der Schale sammelt.

Da Pollen sehr eiweißhaltig und feucht ist, kann er leicht verderben und muss täglich verarbeitet werden. Als Nahrungsergänzung soll die tägliche Einnahme von zwei Teelöffeln Pollen den menschlichen Organismus stärken und für Wohlbefinden sorgen.

Propolis

Propolis (Kittharz) wird von den Bienen an Pflanzenknospen, Blättern, Zweigen und Rinde gesammelt.

Wer Propolis ernten will, legt auf die Oberträger der Wabenrahmen ein engmaschiges Gewebe oder Plastikgitter. Die Zwischenräume verbauen die Bienen dann mit dem äußerst klebrigen Harz. Nach einiger Zeit entnimmt man das Gewebe oder Gitter, an dem das Propolis nun haftet, und legt es in den Kühlschrank oder in die Tiefkühltruhe. Kaltes Propolis splittert leicht und kann nun durch Zusammenrollen der Propolisträger von diesen abgelöst werden.

Propolis wirkt gegen Bakterien und Viren, ist entzündungshemmend und fördert die Durchblutung, um nur einige Eigenschaften zu benennen. Aus

Aus gereinigtem Rohwachs (Block in der Mitte) kann man selbst Mittelwände herstellen und Kerzen gießen. Aufgerollt und mit einem Docht versehen, werden Mittelwände ebenfalls zu duftenden Wachskerzen (vorne links).

diesem Mittel werden Lippenpflegestifte und Lösungen, je nach Anwendungsgebiet zum Gurgeln oder zum Auftragen auf die Haut, hergestellt.

Gelée Royale

Spezialisierte Imker gewinnen auch den Königinnenfuttersaft. Er gilt als Vitalstoff und einige Produkte aus Gelée Royale werden in Apotheken angeboten.

Wer sich selbst einen kleinen Vorrat anlegen möchte, schneidet überzählige Weiselzellen vor dem Verdeckeln von der Wabe, entfernt die Larve und entnimmt mit einem Spatel den wertvollen Futtersaft. Mit Pollen oder Honig vermischt kann er im Kühlschrank gut verschlossen gelagert werden.

Bienenwachs

Bienenwachs wird durch Einschmelzen der alten Waben und des Verdecklungswachses gewonnen. Man kann es ungereinigt beim Händler gegen Mittelwände eintauschen oder es reinigen und daraus selbst Mittelwände herstellen. Vor allem in der Weihnachtszeit wird die Herstellung von Kerzen aus eigenem Wachs der ganzen Familie Freude bereiten.

Der Fachhandel für Imkerbedarf bietet zahlreiche Gießformen und Dochte unterschiedlicher Längen. Bienenwachs kann auch Heilmittel oder Zutat von Farbstoffen oder Kosmetika sein. Es findet zudem als Beschichtungsmaterial für Nahrungsmittel oder Tabletten Verwendung.

Apitherapie

Apitherapie nennt man Heilmethoden, bei denen Bienenprodukte zur Vorbeugung und Heilung von Krankheiten genutzt werden. Sie erinnern sich: Apis, so heißt die Gattung unserer Honigbienen. Davon leitet sich die Bezeichnung ab.

Produkte wie Honig, Propolis, Pollen, Bienengift und sogar die lebenden Bienen werden vor allem in Osteuropa und China in der Volksmedizin genutzt. Auch in der modernen Medizin werden sie teilweise bereits eingesetzt, man denke zum Beispiel an Honig zur Wunddesinfektion, und ihre Wirkung wird wissenschaftlich erforscht.

In Deutschland werden Produkte für die Apitherapie im Handel angeboten und von spezialisierten Heilpraktikern verwendet. Als Arzneimittel sind sie jedoch nicht zugelassen.

Völker gesund erhalten

Wie alle Lebewesen können auch Bienenvölker erkranken oder von Schädlingen befallen werden. Dem lässt sich durch die Wahl des richtigen Standorts und durch eine konsequente Standhygiene vorbeugen. Folgende Grundsätze sollte man beachten:

Richtige Standortwahl: Man achte auf ein mildes Kleinklima und gute Trachtbedingungen. Keine honigbehafteten Waben oder Gegenstände bienenzugänglich machen, um der Verbreitung von Krankheitserregern, speziell der Faulbrut, vorzubeugen. Dies schreibt sogar die Bienenseuchenverordnung ausdrücklich vor. Jährlich etwa ein Drittel bis zur Hälfte der Waben erneuern. Beuten und Wabenträger bei Bedarf, besser einmal jährlich desinfizieren. Holzteile kann man abflammen, Styroporteile mit Sodalauge abscheuern.

Eine Garantie für dauerhaft gesunde Völker sind die beschriebenen Maßnahmen allerdings nicht. Nachfolgend deshalb Informationen zu den wichtigsten Krankheiten und Schädlingen.

Amerikanische Faulbrut (Bösartige Faulbrut)

Hierbei handelt es sich um eine meldepflichtige Bienenseuche, die von einem Bakterium verursacht wird. Der Amtstierarzt ist bei Verdacht unverzüglich zu benachrichtigen. Sichtbare Anzeichen sind: dunkle, eingesunkene und löchrige Zelldeckel sowie abgestorbene, schleimige und bräunlich verfärbte Maden in den Zellen. Führt man ein Streichholz in solch eine Zelle ein, bleibt eine Fäden ziehende, braune Masse daran haften (Streichholzprobe). Im fortgeschrittenen Stadium nimmt man einen fauligen Geruch wahr und in Zellen mit seit Längerem abgestorbenen Maden findet sich trockener Schorf. Bienenseuchensachverständige entnehmen in Deutschland gezielt, aber auch stichprobenartig Honig aus dem Futtervorrat, den die Bienen in den Brutwaben kranzförmig rund um ihr Brutnest angelegt haben. Die Untersuchung dieser „Honigkranzproben" dient vor allem der Früherkennung, noch bevor klinische Anzeichen sichtbar sind. Werden die Erregersporen im Honig rechtzeitig entdeckt, kann man noch wirksame Gegenmaßnahmen einleiten. Verpasst man den richtigen Zeitpunkt, sind die befallenen Bienenvölker verloren.

Vom Veterinäramt angewiesene Untersuchungen sind derzeit kostenfrei, selbst beantragte Untersuchungen müssen vom Imker bezahlt werden.

Wachsmotten

Die Kleine und die Große Wachsmotte sind nachtaktive Kleinschmetterlinge. Schädlich sind nicht die Motten selbst, sondern ihre Larven.

Die Wachsmotten dringen in den Stock ein, wo sie in alten Waben und auch in für Bienen unzugänglichen Ecken und Ritzen der Beute ihre Eier ablegen. Die Eiablage auf den Waben gelingt allerdings nur dann, wenn das Volk schwach ist und nicht alle Waben gut besetzt sind. Häufig nisten sich Wachsmotten auch in verlassenen, bienenfreien Beuten ein.

Sind die Larven geschlüpft, ist in besetzten Beuten ihr bevorzugter Aufenthaltsort das Gemüll am Beutenboden. Es besteht aus Häutchen der Bienenlarven, Pollen und sonstigen organischen Resten und dient ihnen als Nahrung. Zudem fressen sich die Wachsmottenlarven (Rankmaden genannt) durch die Wabenzellen, zerstören diese und verdrecken sie mit Kot und von der Verpuppung herrührenden Gespinstfäden.

Bewahrt man Altwaben nicht sicher verschlossen auf, werden sie von den Wachsmottenlarven vollkommen zerstört. Gleichzeitig vermehren sich die Motten massenhaft.

Damit sich die Wachsmottenlarven gar nicht erst entwickeln können, sollte der Beutenboden stets von Gemüll freigehalten werden. Auch sollte man vor allem in den noch warmen Herbstmonaten dafür sorgen, dass alle Wabengassen bevölkert sind. Bienenfreie Altwaben sollten kalt, unter 10 Grad Celsius, aufbewahrt werden. Die Entwicklungszeit der Mottenlarven wird dadurch verlängert. Um die Larven abzutöten, kann man die Waben einige Stunden lang in die Tiefkühltruhe legen.

Zur Behandlung von Wachsmottenbefall eignen sich Essigsäure und Schwefelstreifen. Die Schwefelstreifen werden in einem abgedichteten Raum (Wabenschrank, abgedichteter Zargenturm) über den Waben abgebrannt. Nach der Behandlung müssen die Waben sehr gut gelüftet werden, da es sonst vorkommen kann, dass die Bienen sie nicht mehr annehmen.

Als biologische Bekämpfungsmaßnahme kann man die Waben mit einer wässrigen Lösung eines Mittels besprühen, das den Bacillus thuringensis enthält. Dieses Bakterium tötet die bereits geschlüpften Rankmaden, die Motten und sogar nach der Behandlung schlüpfende Maden ab. Die Wirkung hält bis zu acht Monate vor.

Damit sie nicht schimmeln, müssen die behandelten Waben luftig zum Trocknen aufgehängt werden. Danach kann man sie aber sofort wieder in die Bienenvölker einhängen. Das Bakterium schädigt die Bienen nicht.

Die Varroamilbe

Varroamilben sind Parasiten, die sowohl Bienen als auch deren Larven schädigen. Da sie aus Asien eingeschleppt wurden, fehlen unseren heimischen Bienen die natürlichen Abwehrmechanismen gegen diese Schädlinge. Das Milbenweibchen hat eine Größe von etwa 1,6 Millimetern und ist mit bloßem Auge zu erkennen; das Männchen ist circa 0,8 Millimeter klein.

Varroa verbreiten sich ganz besonders über die Drohnen, weil diese „vagabundieren"; sie werden von jedem Volk eingelassen. Die auf ihnen sitzenden Varroa liefern sie gleich „frei Haus" mit. Seit Langem gibt es in den betroffenen Regionen, und dazu gehören inzwischen fast alle Länder, kein varroafreies Volk mehr. Es sei damit gleich vorweggenommen, dass ein Bienenvolk auch nach den derzeit

Eine weibliche Varroamilbe auf einer Drohnenlarve.

Auf der Windel kann man die stecknadelkopfgroßen Varroamilben gut erkennen.

gängigen Behandlungen nie vollkommen frei davon sein wird. Die Anzahl parasitierter Zellen hängt von der Anzahl der Varroa im Volk ab. Sind es im Erstfrühling hundert Varroa, können es im Hochsommer durchaus Tausende sein. Zur Vermehrung schlüpfen die weiblichen Milben kurz vor dem Verdeckeln in die Brutzellen, wo sie mit der Eiablage beginnen. Nach einigen Tagen schlüpfen zunächst die männlichen Varroa, danach die weiblichen. Das Varroaweibchen und seine Larvenformen saugen das Blut der sich in der Zelle entwickelnden Bienenlarve, wobei sie gefährliche Viren übertragen können. Die so befallenen jungen Bienen schlüpfen geschwächt oder verkrüppelt.

Vorbeugung und Bekämpfung von Varroa bei Wirtschaftsvölkern

Bevor der Spätsommer beginnt, muss die Anzahl der Varroa stark reduziert sein. Andernfalls werden die Winterbienen so stark geschädigt, dass das Volk den Winter entweder nicht überleben kann oder zumindest sehr geschwächt ins Frühjahr geht.

60 bis 70 Prozent der Milbenpopulation befindet sich in den Brutzellen und 30 bis 40 Prozent sitzen auf den bereits geschlüpften Bienen.

Ob ein Volk behandelt werden muss, zeigt die „Windeldiagnose". Auf einer „Windel" genannten Einlage unter dem Bodengitter der Beute sammeln sich die eines natürlichen Todes gestorbenen Varroa. Nach drei bis fünf Tagen zählt man die Varroa auf der Windel und teilt diese Zahl durch die Anzahl der Tage. So erhält man Aufschluss über den tatsächlichen Befall, weil dieser „natürliche Totenfall" in einem bestimmten Verhältnis zu der Anzahl der im Bienenvolk lebenden Varroa steht.

Es gelten folgende Faustregeln:

Im Hochsommer nach dem letzten Abschleudern besteht bei einem Totenfall von über zehn Varroa pro Tag dringender Behandlungsbedarf.

Liegt der natürliche Totenfall nach der ersten Behandlung im Hochsommer bei über fünf Varroa pro Tag, muss eine zweite Behandlung erfolgen.

Findet man im Spätherbst und Winter bei brutfreien Völkern mehr als eine Varroa pro Tag in der Windel, ist unbedingt eine Nachbehandlung erforderlich.

Jeder Imker ist selbst daran interessiert, Maßnahmen gegen den Varroabefall seiner Bienenvölker vorzunehmen. In allen EU-Ländern und in der Schweiz sind die Imker sogar gesetzlich dazu verpflichtet. Es gibt eine Vielzahl von Bekämpfungsverfahren, die wichtigsten sollen im Folgenden kurz vorgestellt werden.

Baurahmen anbieten und Drohnenbrut ausschneiden

Die Varroaweibchen legen ihre Eier bevorzugt in Drohnenzellen, weshalb Drohnenbrut fünf- bis zehnmal stärker befallen ist als Arbeiterinnenbrut. Sind die angebotenen Baurahmen mit einer Drohnenwabe ausgebaut, bestiftet und nach neun Tagen verdeckelt, sind in einigen Zellen mit Sicherheit auch Varroa eingeschlossen. Zur Vernichtung der Varroa werden die verdeckelten Waben aus dem Volk entnommen und eingeschmolzen.

Wichtig

Alle Mittel sind erst nach der letzten Honigernte und nie vor dem ersten Eintrag von Nektar zugelassen. Obwohl Ameisensäure im Honig als natürlicher Bestandteil vorkommt, soll der Honig auch damit nicht belastet werden.
Fremde Stoffe dürfen erst recht nicht in den Honig gelangen.

Bekämpfung mittels Ameisensäure (AS 60 Prozent)

Der Einsatz der Ameisensäure erfolgt im Hochsommer, nach dem letzten Schleudern, bis in den Herbst, solange es die Temperaturen erlauben. Die leichtflüchtige Ameisensäure verdunstet bei Temperaturen um 25 Grad Celsius recht gut und wirksam. Ist es kälter, sind Verdunstung und Wirkung geringer, unter 5 Grad Celsius ist Ameisensäure unwirksam. Vorsicht in heißen Sommern! Je wärmer es ist, desto rascher und intensiver verdunstet die Säure. Ab 30 Grad Celsius können Bienen geschädigt werden.

Für die Behandlung des Varroabefalls mit Ameisensäure haben Bieneninstitute und Imker inzwischen eine Reihe von mehr oder weniger funktionierenden Methoden entwickelt. Das Prinzip besteht immer darin, die vorgesehene Säuremenge über ein saugfähiges Trägermaterial in der Bienenbeute möglichst kontrolliert verdunsten zu lassen. Dafür eignen sich diverse Typen von Verdunstern, beispielhaft seien hier der Nassenheider, der Burmeister, der Liebig und der Liebefelder Verdunster genannt, es gibt aber noch einige mehr.

Für alle Verfahren gilt als Faustregel: 3 Milliliter Ameisensäure pro Wabengasse. Für einen Brutraum mit zehn Waben braucht man also pro Behandlung 30 Milliliter.

Beim Verdunsten von Ameisensäure in der Beute wirkt der entstehende Dampf direkt auf die Varroa auf den Bienen und in den verdeckelten Brutzellen. Die Vermehrung der Varroa in den Zellen wird dadurch unterbunden.

Behandlung oder Nachkontrolle mittels Oxalsäurelösung

Im Gegensatz zur Ameisensäure wirkt Oxalsäure nicht bis in die verdeckelten Zellen hinein. In der brutfreien Zeit ist sie jedoch eine wertvolle Möglichkeit der Varroanachkontrolle, denn sie hinterlässt auf den Waben keine Rückstände. Das Mittel wird zwischen den Wabengassen direkt auf die Bienen geträufelt. Alle Wabengassen, in denen sich Bienen aufhalten, sollten behandelt werden. Die beträufelten Bienen tragen das Mittel weiter, sodass auch nicht direkt beträufelte Bienen damit in Berührung kommen. Der Gitterboden der Beute ist vor der Behandlung zu schließen. An der Flugöffnung muss nichts verändert werden.

Zur Behandlung benötigt man 5 Milliliter Oxalsäure pro besetzte Wabengasse. Dies entspricht etwa 30 Millilitern bei einem schwachen und 50 Millilitern bei einem starken Volk. Die Oxalsäure wird als Lösung mit Zuckerzusatz vorbereitet. Das ist Voraussetzung

Tipps zum Umgang mit Ameisensäure:

Beachten Sie die empfohlenen Schutzmaßnahmen.
Kühlen Sie die Ameisensäure vor der Behandlung stets auf Kühlschranktemperatur oder niedriger herunter und halten Sie sie bis unmittelbar vor dem Einsatz kühl. Sie verdunstet so langsamer und bienenschonender.
Ameisensäure nimmt Wasser aus der Luft auf. Behandeln Sie deshalb nicht bei Regen oder kühlem feuchten Wetter! Die Säure würde dann zwangsläufig verdünnt und damit unwirksam.
Schließen Sie vor Behandlung den Gitterboden der Beute, lassen Sie jedoch das Flugloch weit geöffnet. So funktioniert die Luft-/Säurezirkulation in der Beute.
Verlassen die Bienen fluchtartig die Beute, müssen Sie den Verdunster sofort entfernen. Wahrscheinlich wurde zu viel Säure in zu kurzer Zeit verdunstet.

für einen guten Behandlungserfolg. Nur so belecken die Bienen ihre beträufelten Stockgenossinnen intensiv und verteilen das Mittel effektiv untereinander.

Achtung: Ein Volk sollte pro Saison nicht mehrmals mit Oxalsäure behandelt werden. Es wird sonst geschwächt, weil zu viele Bienen verenden!

Behandlung mit Mitteln auf der Basis ätherischer Öle

Die Wirksubstanz in den derzeit zugelassenen Mitteln Thymovar® und Apiguard® ist Thymol. Dieses ätherische Öl wirkt auf Varroa, die auf den Bienen sitzen, nicht aber in die verdeckelte Brut hinein. Die Behandlungsdauer beträgt bei beiden Mitteln vier bis sechs Wochen. Ihr Vorteil liegt in einer einfachen und für die Bienen schonenden Anwendung, sofern die Umgebungstemperatur über 15 und unter 30 Grad Celsius liegt. Trägerstoffe sind ein langsam verdunstendes Gel (Apiguard®) beziehungsweise ein Schwammtuchstreifen (Thymovar®), die auf dem Oberträger der Wabenrahmen platziert werden. Damit das ätherische Öl gut verdunsten kann, sollte zwischen dem Mittel und der Abdeckfolie mindestens 0,5 Zentimeter Platz bleiben.

Zwischen der ersten Brutwabe des Brutnestes und dem Nassenheider Verdunster wird zum Schutz der Bienenbrut eine brutfreie Wabe belassen.

Vor der Behandlung sollten die Völker gefüttert werden, weil sie während der Behandlung angebotenes Futter nicht gut aufnehmen. Der Gitterboden der Beute muss geschlossen werden, das Flugloch bleibt geöffnet.

Wichtig

Beachten Sie beim Einsatz jeglicher Mittel die Anwendungsvorschriften und schützen Sie Körper, Augen und Atemwege. Bei Säuren sind Gummihandschuhe und Schutzbrille zu tragen; werden sie versprüht, muss auch ein Atemschutz angelegt werden.

Varroabekämpfung bei Naturschwärmen, Kunstschwärmen und Brutablegern

Solange Sie noch keine verdeckelte Brut haben, behandelt man Naturschwärme, Kunstschwärme und Brutableger gegen Varroa mit Oxalsäure oder Milchsäure. Beides wirkt direkt auf die Varroa, aber nicht in verdeckelte Brut hinein. Ameisensäure sollte man bei bienenschwachen, sich noch entwickelnden Ablegern nicht einsetzen. Die Brut würde geschädigt, was die Völker für die Überwinterung zu sehr schwächen könnte. Sehr schonend werden Jungvölker mit Thymovar® und Apiguard® behandelt.

Bienenleben und Imkerei im Jahresverlauf

Gewöhnlich kennen wir vier Jahreszeiten. Sie beginnen und enden an konkreten kalendarischen Terminen. Dieses Ordnungssystem hat sich aber allein der Mensch geschaffen, Tiere und Pflanzen kümmern sich nicht um unseren Kalender. Hierzu ein Beispiel: Pflanzen brauchen Insekten zur Bestäubung; Insekten benötigen wiederum die Blüten der Pflanzen für ihre Ernährung. Beide richten sich in ihrer Entwicklung nach dem tatsächlichen Witterungsverlauf. In manchen Jahren liegt am kalendarischen Frühjahrsbeginn noch Schnee, in anderen Jahren sind die Frühlingsblüher zur selben Zeit längst verblüht. Kein Wunder also, dass auch die Insekten nicht immer zur gleichen Zeit aktiv werden. Der Frühling „wandert" auch von Süd nach Nord und von der Ebene ins Gebirge.

Die männlichen Blüten der Haselsträucher liefern bei trockenem, warmem Wetter massenhaft Pollen.

Die Lehre von den Entwicklungsabschnitten der Tiere und Pflanzen in Abhängigkeit vom jährlichen Witterungsverlauf ist die Phänologie. Der phänologische Kalender unterteilt das Jahr in zehn Jahreszeiten. Die meisten davon sind aus der Umgangssprache bekannt, auch wenn längst nicht jeder weiß, was sie kennzeichnet. Es sind Vorfrühling, Erstfrühling, Vollfrühling, Frühsommer, Hochsommer, Spätsommer, Frühherbst, Vollherbst, Spätherbst und Winter. Diese phänologischen Jahreszeiten beginnen oder enden nicht an festen Daten, sondern werden von charakteristischen Naturereignissen eingeleitet, die je nach Witterungsverlauf und Ort zu unterschiedlichen Zeiten eintreten können.

Für die Grobplanung der Tätigkeiten des Imkers eignet sich unser herkömmlicher Kalender durchaus. Weil jedoch die Entwicklung der Bienenvölker dem phänologischen Jahresablauf folgt und damit stark vom Kleinklima am Standort abhängt, sollte man für eine genaue Anpassung der Arbeit an den Bienen die spezifischen Standortbedingungen genau kennen.

In den folgenden Kapiteln sollen nun die phänologischen Jahreszeiten und ihre Bedeutung für die Bienen und die Imkerei vorgestellt werden. Die Angabe von Monaten dient der Orientierung. Selbstverständlich kann es abhängig von Standort und Region zu erheblichen Abweichungen kommen.

Tipp

Notieren Sie phänologische Merkmale, die Sie in der Umgebung Ihres Standorts beobachten. Interessant sind vor allem jene Pflanzenarten und -sorten, die im Einzugsbereich Ihrer Bienen die Tracht bestimmen. Vergleichen Sie diese Aufzeichnungen jährlich mit den Notizen zur Entwicklung Ihrer Bienenvölker. So verfügen Sie nach einigen Jahren über wichtige Anhaltspunkte für die Planung Ihrer Imkertätigkeit.

Gewichtskontrolle. Meist genügt ein einseitiges Anheben der Beute.

Vorfrühling

Der Vorfrühling umfasst den Zeitraum von Februar bis Ende März. Er beginnt, wenn die Schneeglöckchen und Winterlinge aufblühen. Die Hasel-, Krokus- und Schwarzerlenblüte folgen. Die Blüte der Salweide zeigt das Ende dieser Jahreszeit an. Sie alle liefern wertvollen Pollen. Die Temperaturen können an sonnigen und schattigen Stellen noch erheblich voneinander abweichen. Unterstützen Sie Ihre Bienen deshalb, indem Sie einen Standort wählen, an dem die Bienen beim Verlassen der Beute nicht durch eine kalte Luftströmung fliegen müssen. Pflanzen Sie auch Trachtpflanzen in der Nähe der Beuten.

Entwicklung der Bienen

Der erste Tag über 14 Grad Celsius lockt die Bienen zum Ausflug und zur Entleerung der Kotblase. Falls noch Schnee vor den Beuten liegt, erkennt man darin viele braune Kotflecken.

Je nach Wetterlage und Blütenangebot wird der erste Pollen eingetragen. In niederen Lagen brechen die Blüten der Frühblüher häufig bereits im Februar auf. Jeder Tag, der den Bienen Polleneintrag erlaubt, fördert die Entwicklung der Bienenvölker enorm. Ein Volk sollte im Vorfrühling mindestens vier Wabengassen besetzen. In gesunden, kräftigen Völkern ist jetzt mit Sicherheit Brut vorhanden.

Obwohl es sowohl tagsüber als auch nachts noch Frost geben kann, werden im Zentrum des Brutnestes 35 Grad Celsius gemessen. Erzeugt werden diese hohen Temperaturen von speziellen Arbeitsbienen, den „Heizerbienen". Kommt es zu länger anhaltenden Kälteeinbrüchen, ziehen sich die Bienen über dem Brutnest zusammen, um dort die Temperatur zu halten, was das Volk besonders viel Kraft und Energie kostet. Eine große Bienenzahl und reichlich Futter werden für die optimale Brutpflege benötigt. Spätestens jetzt zeigt sich, wie wichtig es ist, dass das Volk gut und stark durch den Winter kommt.

Gegen Ende des Vorfrühlings sterben die Winterbienen auf einem ihrer Ausflüge. Bis zu diesem Generationswechsel hatte der Imker den Eindruck, die Bienenzahl im Volk nehme seit Winterende stetig zu, doch nun nimmt sie plötzlich rapide ab. Das ist vollkommen normal und kein Problem, sofern die schlüpfenden Jungbienen die sterbenden Winterbienen ersetzen können.

Aktivitäten des Imkers

Fluglochkontrolle: Reger Flugbetrieb und ankommende Flugbienen mit dicken Pollenhöschen lassen darauf schließen, dass das Volk in Ordnung ist.

Hektische Flugbewegungen, kämpfende Bienen am Flugloch und fehlende Pollenhöschen sind hingegen Anzeichen dafür, dass ein schwaches Volk von Bienen anderer Völker ausgeraubt wird. Das Flugloch muss dann verkleinert oder vorübergehend verschlossen werden, bis man die genaue Ursache kennt und geeignete Maßnahmen getroffen wurden.

Keine oder kleine Pollenhöschen, eine bekotete Beutenfront und Unruhe im Volk kennzeichnen weisellose Völker oder solche, die an einer Durchfallerkrankheit leiden. Häufig kommt beides zusammen. Auch hier besteht Handlungsbedarf.

Brutaktivität abschätzen: Dazu öffnet man kurz den Beutendeckel und legt sofort die Hand auf die Abdeckfolie, dort, wo sich das Zentrum des Bienensitzes befindet. Eine im Vergleich zum Umfeld erhöhte Temperatur zeigt, dass das Volk bereits brütet – ein sicheres Zeichen für die Anwesenheit einer Königin.

Das Brutnest selbst darf man in dieser Zeit nicht anrühren. Eine derartige Störung wäre unnötiger Stress, der das Volk nur Zeit und Kraft kosten würde.

Futtervorräte kontrollieren: Dazu wird die Beute seitlich angehoben, um ihr Gewicht zu überprüfen. Leichte Völker zeigen Futterbedarf an. Es muss nachgefüttert werden.

Ist man unsicher, kann man bei Temperaturen über 10 Grad (besser über 14 Grad) das leichteste Volk öffnen und so viele Waben ziehen, bis man abschätzen kann, wie viele Waben noch mit Futter gefüllt sind. Futter muss vor allem am Brutnest vorhanden sein.

Völkervereinigung oder Volk auflösen: Dies sollte bereits im vorigen Herbst geschehen sein, sofern da schon erkennbar war, dass ein Volk schwach ist. Genauer wird dieser Vorgang daher beim „Vollherbst“ beschrieben.

Buschwindröschen liefern ausschließlich Pollen.

Bienen trinken an einer natürlichen Wasserstelle.

Gesunde, aber schwache Völker stärken: Schwache, aber sonst gesunde und normal entwickelte Völker können mit folgender Methode gestärkt werden: Über die Bruträume eines starken Volkes kommt ein Absperrgitter, darauf ein Brutraum mit dem schwachen Volk. Beide Völker nutzen das Flugloch unter dem ersten Brutraum gemeinsam. Nach fünf Wochen sollte das schwache Volk erstarkt sein und kann wieder entnommen werden. Allerdings haben sich die Flugbienen des gerade gestärkten Volkes den Standort ihres bisherigen Flugloches eingeprägt und würden umgehend in das bereits ursprünglich starke Volk im ersten Brutraum zurückfliegen. Um das zu verhindern, kann man das gestärkte Volk entweder auf einen etwa drei Kilometer entfernten Stand bringen oder in einer eigenen Beute am gleichen Standort aufstellen. Das Flugloch dieser Beute muss dann aber für drei Tage verschlossen bleiben, wobei für genügend Futter und Belüftung gesorgt sein muss.

Beide Maßnahmen lassen die Flugbienen ihr altes Flugloch vergessen.

Maßnahmen zur Varroabekämpfung: Wie im Kapitel „Vorbeugung und Bekämpfung von Varroa" beschrieben, werden nun erste Baurahmen zum Ausbau von Drohnenwaben eingehängt.

Weitere Aktivitäten:

Die Nachbarn informieren, dass sie an den ersten warmen Tagen in der Nähe der Bienen keine Wäsche aufhängen sollten. Sie könnte von Bienenkot verunreinigt werden.

Bienentränke an sonniger Stelle, in der Nähe der Beuten, aufstellen, es sei denn, es gibt eine natürliche Wasserstelle in der Nähe.

Erstfrühling

Im Erstfrühling stehen Buschwindröschen in Vollblüte; Stachelbeeren, Löwenzahn, Schlehen, Pflaumen, Süßkirsche und Spitzahorn sowie späte Weidenarten blühen ebenfalls. Die meisten liefern Pollen und Nektar. Buschwindröschen liefern nur Pollen, Stachelbeeren vor allem Nektar und sehr wenig Pollen. Beide sind dennoch wertvolle Trachtpflanzen. Der Erstfrühling dauert etwa vier Wochen, von Ende März bis Mitte April. In den mitteleuropäischen Regionen kann er in den warmen Lagen bereits Mitte März beginnen und in höheren oder kühleren Lagen bis Mitte Mai andauern.

Entwicklung der Bienen

Die Bienen sind jetzt sehr aktiv. Die Tränkstellen werden intensiv beflogen, weil die Arbeiterinnen das Futter in den Waben verflüssigen müssen, um ihre Brut ernähren zu können.

Alle Völker erbrüten nun Drohnen und pro Tag schlüpfen mehr als 1000 Jungbienen. Vor den Fluglöchern kann man das „Vorspiel" der jungen Flugbienen beobachten.

Am Bienenstand stehen jetzt nur Völker, mit denen in den folgenden Monaten Honig und bei Verkauf auch Geld erwirtschaftet werden soll, denn auch die im Vorjahr gegründeten Jungvölker sind inzwischen einjährige Wirtschaftsvölker geworden.

Aktivitäten des Imkers

Futterwaben entnehmen: Bei gutem Nektarangebot werden die alten Futterwaben gegen Leerwaben ausgetauscht, die von den Bienen für die Brut, Nektar- oder Polleneinlagerung genutzt werden. Die Futterwaben werden kühl, trocken gelagert und vor dem Befall von Wachsmotten geschützt. Später leisten sie bei der Ablegerbildung wieder gute Dienste.

Brutraum erweitern, einengen oder belassen: Weil die Bienenzahl in den Völkern nun stark zunimmt, kann eine Erweiterung des Brutraums nötig werden. Wurde das Volk in nur einer Zarge überwintert, wird dazu eine weitere Zarge als zweiter Brutraum mit Leerwaben und Mittelwänden aufgesetzt. Die Mittelwände werden von den Bienen je nach Bedarf, Wetterlage und Nektarangebot ausgebaut.

Wurde auf zwei Zargen überwintert, prüft man zunächst, wie dicht die untere Zarge (erster Brutraum) mit Bienen besetzt ist. Ist sie schwach besetzt, sollte man den Brutraum erst einmal einengen, indem man die obere Zarge (zweiter Brutraum) vorübergehend entnimmt. Sind die Wabengassen im ersten Brutraum dann wieder gut belegt, kann erneut erweitert werden.

Honigraum aufsetzen: Sobald die Süßkirsche blüht und die Beuten einigermaßen mit Bienen gefüllt sind, wird der Honigraum aufgesetzt. Zwischen Brutraum und Honigraum kommt das Absperrgitter.

Maßnahmen zur Varroabekämpfung: Ist die erste Drohnenwabe verdeckelt, wird sie entnommen, ausgeschnitten und erneut als Baurahmen eingehängt. Dies wird auch in den kommenden Jahreszeiten eine ständige Maßnahme sein.

Ein gleichmäßiger Ausbau der Wabe auf ganzer Breite des Baurahmens ist gleichzeitig ein Anzeichen dafür, dass im Volk alles stimmt und eine kräftigen Pheromonduft verströmende Königin vorhanden ist.

Wichtig

Beobachten Sie die individuelle Volksstärke und erweitern Sie den Brutraum rechtzeitig. Wird zu spät erweitert, kann es passieren, dass das Volk zeitig schwärmt.

Bienen in der Apfelblüte sind typisch für den Vollfrühling.

Vollfrühling

Je nach Region liegt diese Jahreszeit zwischen Mitte April und dritter Maiwoche. Kühle und warme Tage und Nächte wechseln sich ab. Die „Eisheiligen“ können noch Frost bringen. Mitunter bleiben sie aus und der Mai ist sehr warm und trocken, dann setzt bereits Mitte Mai der phänologische Frühsommer ein. In den Vollfrühling fällt die Apfelblüte. Seit den letzten zwei Jahrzehnten setzt die Massentrachten liefernde Rapsblüte bereits ein, wenn die mittelspäten Apfelsorten blühen. Auch die Heckenrosen blühen und liefern große Pollenpakete. Von den klebrigen Knospenschuppen der Rosskastanie ernten die Bienen Kittharz. Die Flieder- und Forsythienblüte sind ebenfalls typisch für diese Jahreszeit, liefern aber zu wenig Pollen und Nektar, um für unsere Bienen von Nutzen zu sein.

Entwicklung der Bienen

Zu Anfang des Vollfrühlings schlüpfen täglich etwa 1500 Jungbienen. Nektar und Pollen werden in Massen eingetragen. Je größer das Nektarangebot ist, desto weniger werden die Wasserstellen aufgesucht. Der Schwarmtrieb setzt ein; vor allem in der zweiten Hälfte des Vollfrühlings schwärmen die Völker, sofern der Imker keine Maßnahmen zur Verhinderung getroffen hat.

Aktivitäten des Imkers

Die meisten Arbeiten an den Bienen ähneln denen der vorherigen Jahreszeit. Nur die Schwarmverhinderung ist hinzugekommen, was den Zeitaufwand erhöht.

Maßnahmen zur Varroabekämpfung: Wieder muss der Baurahmen für die Drohnenzellen ausgeschnitten und danach erneut eingehängt werden. In Völkern mit besonders guten Eigenschaften kann man auch einmal Drohnen schlüpfen lassen, die dann Jungköniginnen begatten dürfen. Diese Selektion ist ein erster Schritt in Richtung gezielter Zucht.

Schwarmverhinderung: Nun ist es Zeit, die im Kapitel „Schwärmen verhindern" beschriebenen Maßnahmen zu ergreifen.

Besonders wichtig ist es jetzt, den Zustand der Völker genau im Auge zu behalten.

Ab jetzt bis Mitte des Hochsommers sollte man dem Baurahmen für die Drohnenwaben besondere Beachtung schenken. Lässt der Bautrieb nach, heißt es: Achtung! Alle Waben in den Bruträumen sind nun auf Weiselzellen zu kontrollieren.

Brutableger bilden: Dies dient nicht nur der Schwarmverhinderung, sondern zugleich der Jungvolkbildung.

Beim gemeinsamen Wabenbau bilden die Arbeiterinnen sogenannte Bauketten. Ihre genaue Funktion ist noch nicht bekannt.

Weitere Aktivitäten:

Einen zweiten Honigraum aufsetzen. Schwärme einfangen, falls sich der Schwarmtrieb trotz aller Mühe nicht kontrollieren ließ.

Frühsommer

Den Frühsommer kennzeichnet die Zeit der Blüte von Wildrosen und Gräsern. Schwarzer Holunder, Apfel und Raps haben bis Mitte des Frühsommers ihre Blüte beendet. Kurz danach blühen die Robinie, Klatschmohn und Türkenmohn. Es folgen Liguster und Falscher Jasmin. Gegen Ende des Frühsommers werden die frühen Erdbeeren und Kirschen reif. Die Sonnenblumen zeigen ihre Knospen.

In klimatisch günstigen Gebieten beginnt der Frühsommer in der dritten Maidekade und dauert bis Ende Juni, an der Nordseeküste herrscht er von Mitte Juni bis Anfang Juli.

Entwicklung der Bienen

Nun besteht die Bienenbeute in der Regel aus zwei Brut- und zwei Honigräumen. Alle Wabengassen sind belegt. Die Honigwaben sind gut gefüllt. Bis Ende Juni ist Schwarmzeit. Mit der Sommersonnenwende nimmt der Schwarmtrieb ab, vereinzelte Schwärme sind aber noch möglich. Noch immer sind die Völker stark, aber der Höhepunkt der Volksentwicklung ist Mitte des Frühsommers bereits überschritten.

Aktivitäten des Imkers

Wie im Vollfrühling müssen Maßnahmen zur Schwarmverhinderung ergriffen und bei Misserfolg Schwärme gefangen und eingeschlagen werden. Auch die Bildung von Jungvölkern durch Ableger kann weiterhin erfolgen.

Honig schleudern: Wenn der Rapshonig reif ist, wird zum ersten Mal geschleudert.

Varroabekämpfung: Es müssen wieder Drohnenwaben ausgeschnitten und Baurahmen zugesetzt werden.

Hochsommer

Je nach Region beginnt der Hochsommer Ende Juni und kann bis Mitte August dauern. Zuerst blüht die Sommerlinde und eine Woche später die Winterlinde. Die alten Lindenbäume in den Gemeinden und Städten sind eine besonders wichtige Tracht, die fehlt, wenn in den letzten Jahrzehnten abgeholzt und nicht nachgepflanzt wurde. Bodenfeuchtigkeit in dieser Zeit fördert die Bildung größerer Nektarmengen. Frühe Kartoffelsorten, Stachelbeeren und Johannisbeeren beginnen zu reifen, während späte Kartoffelsorten, Johanniskraut und Lavendel in Vollblüte stehen. Die Blüte der Sommerheide setzt ein.

Entwicklung der Bienen

Die Bienen sammeln jetzt besonders an den Linden, an Johanniskraut und Lavendel Honig. An der Kartoffelblüte wird nur genascht. Phacelia (Bienenfreund) liefert Nektar und Pollen. Klatschmohn und Kornblumen werden ebenfalls gut beflogen, sind aber in unserer Landschaft selten geworden.

Die Mohnblüte beginnt im Frühsommer.

Johanniskraut steht im Hochsommer in Vollblüte.

Bei den Wirtschaftsvölkern ist der Höhepunkt der Volksentwicklung mit der Sommersonnenwende erreicht. Die Königinnen schränken ihre Legetätigkeit jetzt ein. Spätestens nach der Lindenblüte erlischt der Schwarmtrieb, Drohnen werden abgetrieben, der Wabenbau geht zurück. All dies gehört bereits zur Vorbereitung auf den Winter. Anders ist das bei Jungvölkern mit guter Futterversorgung. Ihre Königinnen sind nach wie vor besonders aktiv. Es gibt noch viel Brut und frisch geschlüpfte Bienen.

Im Hochsommer setzt die Räuberei ein. Bienen starker Völker überfallen schwächere Völker, um Honig zu stehlen und ihre Wintervorräte aufzufüllen. Einlass verschafft ihnen oft der Imker, indem er zum Beispiel bei der Völkerdurchsicht die Beuten zu lange offen lässt. So können die fremden Bienen von oben hineingelangen und umgehen die Torwächter am Flugloch. Zurück in ihrem Stock, informieren sie ihre Genossinnen über die Honigquelle, woraufhin noch mehr Bienen auf „Raubflug" gehen. Die Räuber versuchen nun, über das Flugloch einzudringen. Erbitterte Kämpfe im Stock des angegriffenen Volks sind die Folge. Meist wird das schwache Volk ausgelöscht und das starke räumt den Honigvorrat komplett aus.

Aktivitäten des Imkers

Auf Weiselrichtigkeit achten: Weiselrichtig bedeutet, dass eine gesunde Königin im Volk lebt. Bei Auffälligkeiten schaut man nach in den Zellen abgelegten Stiften. In einem Volk ohne Königin würde man keine Stifte finden. Die Ausnahme wäre die bereits beschriebene Buckelbrütigkeit.

Honig schleudern: Dabei auf Räuberei achten! Die Beuten bei der Entnahme der Waben nicht länger als nötig offen lassen.

In den Bruträumen sollten mindestens vier Kilogramm Honig als Futter verbleiben, sonst müssen die Wirtschaftsvölker anderweitig mit Futter versorgt werden. Die Völker dürfen niemals Hunger leiden, sonst stellt die Königin das Stiften ein und es fehlt 21 Tage später an Jungbienen. Das wäre besonders zu diesem Zeitpunkt fatal, denn die August- und Septemberbienen zählen bereits zu jenen, die mit der

Bestiftete Brutzellen zeigen dem Imker, dass eine Königin im Volk lebt.

Herbstastern sind nicht nur schön anzusehen, sie sind zugleich wichtige Pollenquelle im Spätsommer.

Königin überwintern werden. Bleiben sie aus, geht das Volk geschwächt in die kalte Jahreszeit.

Varroakontrolle und bei Bedarf Behandlung: Der Varroabefall wird mittels der Windeldiagnose ermittelt und gegebenenfalls behandelt. Bei geringerem Befall kann man die Behandlung bei Wirtschaftsvölkern auf Anfang bis Mitte August und bei Jungvölkern auf September verschieben.

Jungvölker betreuen: Sie brauchen jetzt eine zweite Zarge und müssen weiter gut mit Futter versorgt werden.

Spätsommer

Der Spätsommer umfasst etwa den Monat August. Die typischen Trachtpflanzen sind Sommerheide, Goldrute, Herbstzeitlose und Kohldistel. In den Gärten blühen Dahlien, Herbstastern und Becherpflanzen. Auf Moorwiesen blüht der Duftende Lauch und auf Halbtrocken-Standorten, an Wegrainen und angesäten Grünstreifen kann es noch eine reiche Wildpflanzenblüte geben. Voraussetzung ist jedoch, dass die Flächen nicht zu häufig und nicht zum falschen Zeitpunkt gemäht oder als Schafweide genutzt wurden. Die meisten Trachten im Spätsommer sind Läppertrachten.

Entwicklung der Bienen

Das Volk besteht zu diesem Zeitpunkt nur noch aus Arbeitsbienen und einer Königin sowie deren Brut. Jungköniginnen und Drohnen werden nicht mehr aufgezogen. Die Königin stiftet nur noch befruchtete Eier. Die Bienenzahl und die Brutaktivität im Volk geht bei Wirtschaftsvölkern weiter zurück, während die Königinnen der Jungvölker noch fleißig stiften und erst im September mit ihrer Legeleistung nachlassen. Es schlüpfen bereits Winterbienen. Sie werden bis zu sieben Monate leben, je nach Dauer der kalten Jahreszeit. So sichern sie bis zum Schlupf der

Frühjahrsbienen den Bestand, vorausgesetzt, eine gute Versorgung mit Eiweiß (Pollen) und energiereichem Futter (Nektar) ist gewährleistet. Nektar und Pollen werden von den Winterbienen noch eingetragen, sofern es in der Umgebung noch Läppertrachten gibt.

Aktivitäten des Imkers

Etwa Mitte August beginnt die Spätsommerpflege. Alles, was nun getan wird, beeinflusst die Volksentwicklung für das kommende Jahr. Insofern gilt: Das Bienenjahr beginnt im August!

Varroabekämpfung: Je nach Varroabefall (Windeln alle drei Tage kontrollieren) werden die Wirtschaftsvölker das erste oder zweite Mal mit Ameisensäure behandelt. Die Jungvölker behandelt man bei Bedarf mit Thymovar® oder Apiguard®.

Einfüttern: Am Ende des Spätsommers und im zeitigen Frühherbst wird das Winterfutter gegeben. Die nötige Menge hängt von der Zuckerkonzentration im Futter und der Volksstärke ab. Man kann das Futter aus Zucker und (warmem) Wasser selbst herstellen oder Fertigfutter im Fachhandel kaufen.

Völker vereinigen: Jetzt ist die beste Zeit, schwache Völker, die weniger als fünf bis sechs Wabengassen füllen, mit starken zu vereinigen. Achtung: Zwei schwache Völker ergeben kein starkes!

Zur Vereinigung legt man ein durchlöchertes Zeitungsblatt auf die Zarge eines starken Volks und setzt darauf die Zarge mit dem schwachen Volk, das man zuvor entweiselt hat. Die Bienen des schwachen Volks fressen sich nun durch das Papier und werden von dem starken „übernommen". Am folgenden Tag wird die Zarge wieder heruntergenommen. Befinden sich noch Bienen darin, werden sie abgekehrt.

Eine andere Möglichkeit ist es, das schwache, entweiselte Volk bei trockenem, warmem Wetter vor den Fluglöchern der anderen Völker abzustoßen. Die Bienen „betteln" sich dort ein.

Mitunter findet man jetzt buckelbrütige Völker. Sie werden in etwa zehn Metern Entfernung von den Waben abgekehrt. Die flugunfähigen Drohnenmütterchen verenden dort, die übrigen Arbeiterinnen betteln sich ein. Waben mit Brut werden eingeschmolzen.

Drüsiges Springkraut ist eine attraktive Nektarpflanze des Frühherbstes.

Frühherbst

Der Frühherbst entspricht etwa dem Zeitraum der ersten drei Septemberwochen. Mitunter beginnt er schon Ende August und kann bis in die erste Oktoberhälfte andauern.

Die Kohldistel und Drüßiges Springkraut liefern noch Nektar und Pollen. Die Blüten vom Wilden Wein und Efeu werden intensiv beflogen. Bei später Aussaat blühen in den Gärten noch Gurkenkraut, Malven und Bienenfreund (Phacelia), auf feuchten Flächen und an Grabenrändern Wilder Dost und auf dem Acker Weißer Senf. Sie sind wertvolle Trachtpflanzen. Häufig sind die Tage noch recht warm und sonnig. Anfang Oktober ist in ungünstigen Lagen, zum Beispiel Höhenlagen, aber durchaus schon Frost möglich. Pech für Bienen und Imker.

Entwicklung der Bienen

An warmen, sonnigen Tagen tragen die Bienen noch eifrig Pollen und Nektar ein, wenn es geeignete Pflanzen in ihrem Umkreis gibt.

Gurkenkraut kann auch im Vollherbst noch Nektar und Pollen liefern.

Wirtschaftsvölker sind nun auf Winterstärke zusammengeschrumpft und „aus der Brut gegangen“. Die Bienenzahl im Volk nimmt sichtlich ab, der Futterverbrauch sinkt. Die neu gebildeten Jungvölker brüten noch und verbrauchen auch noch mehr Futter.

Aktivitäten des Imkers

Kontrolle des Varroabefalls: Um die Behandlung mit Ameisensäure zu erleichtern, werden die Bienen bei Bedarf von zwei Bruträumen auf einen Brutraum eingeengt. Durch Begrenzung der Wabenzahl ist jedoch der Platz für das Winterfutter begrenzt. Ich überwintere alle Völker auf je zwei Bruträumen. So haben die Bienen stets genügend Futter und Raum für ihre Frühjahrsentwicklung zur Verfügung, unabhängig, ob der Winter länger oder kürzer dauert.

Einfüttern: Das sollte spätestens jetzt geschehen. Ein kräftiges auf zwei Zargen eingewintertes Volk benötigt etwa 15 Kilogramm Zucker beziehungsweise 25 Kilogramm Zuckerlösung.

Weitere Aktivitäten:
Völker vereinigen. Fluglochbeobachtung, um den Zustand der Völker im Auge zu behalten.

Vollherbst

Im Vollherbst fallen Kastanien, Walnüsse, Bucheckern und Eicheln. In der zweiten Hälfte färben sich die Blätter der Bäume. Gurkenkraut kann noch Nektar und Pollen liefern. Der Vollherbst beginnt meist in der letzten Septemberwoche und dauert bis Mitte Oktober.

Entwicklung der Bienen

Sofern es ein Trachtangebot gibt, tragen die Bienen auch jetzt noch Pollen und Nektar ein. Wenn es in

der Natur kälter und feuchter wird, vermindert sich der Bienenflug oder wird ganz eingestellt. In der Nacht ziehen sich die Bienen im Stock zu Trauben zusammen. So überstehen sie bereits kältere Tages- und Nachttemperaturen. Gegen Ende des Vollherbstes haben nur noch Jungvölker ein kleines, zentrales Brutnest, das von einem dicken Futterkranz umgeben ist. Jetzt brüten auch sie die vorläufig letzten Jungbienen aus.

Aktivitäten des Imkers

Meist beobachtet der Imker die Aktivitäten der Bienen jetzt nur noch am Flugloch und lässt die Beuten und damit auch die Bienenvölker in Ruhe. Bei Bedarf können noch Völker vereinigt werden. Wer zu viele Völker hat und nicht alle überwintern will, kann schwache Wirtschaftsvölker entweiseln und mit einem Jungvolk vereinigen.

Windeln entnehmen: Der Überwinterungsraum muss unbedingt trocken sein. Die Windeln würden den Luftaustausch vom Beuteninnenraum mit der Außenluft behindern, wodurch es zu Schwitzwasserbildung und feuchter Luft in der Beute käme. Die Folge wären schimmelnde Waben.

Um die Bienen vor Insekten fressenden Feld- und Spitzmäusen zu schützen, sollte man vor dem Flugloch ein Gitter anbringen.

Spätherbst

Der Spätherbst beginnt Ende Oktober und dauert in klimatisch günstigen Regionen bis Mitte Dezember. Er ist gekennzeichnet von feuchten, kühlen und kurzen Tagen. Die Blätter der meisten Bäume sind gefallen. Ausnahmen bilden nur die Weiß- und die Rotbuche, die Eiche und die immergrünen Gehölze.

Entwicklung der Bienen

Ein Volk besteht nun aus etwa 10.000 Bienen. Bereits bei Temperaturen von 14 Grad Celsius schließen sie sich im Brutraum enger zusammen. Bei noch niedrigeren Temperaturen vereinigen sie sich zu einer Traube. Je kälter es wird, desto dichter sitzen die Bienen (Wintertraube). Anfangs erhalten sie noch Besuch von einzelnen Wespen, die versuchen, sich am Winterfutter zu laben. Dem Bienenvolk entsteht dadurch kein Schaden. Bei den Wespen handelt es sich um Königinnen, die sich für die Überwinterung stärken, um im kommenden Jahr ein neues Volk bilden zu können.

Aktivitäten des Imkers

Jetzt ist höchste Zeit, Materialien zu säubern und zu desinfizieren. Auch Reparaturarbeiten fallen nun an. Die Beuten und Geräte sollte man nie ungereinigt oder kaputt beiseitestellen. Das Frühjahr rückt rasch heran und dann hat man kaum noch Zeit für diese Arbeiten.

Weitere Aktivitäten:
Mäuseschutzgitter vor den Fluglöchern anbringen. Sonst dringen vor allem Spitzmäuse im Winter gern in die Beuten ein und fressen an den starren Bienen.

Bei Bedarf Nachbehandlung gegen Varroa mit Oxalsäure. Zuvor drei Tage Windeln einlegen, das Kontrollergebnis entscheidet über die Notwendigkeit.

Waben kontrollieren und Altwaben einschmelzen.

Dafür sorgen, dass die Beuten keinen Erschütterungen und Kratzgeräuschen ausgesetzt sind. Das würde die Bienen beunruhigen.

Winter

In der Winterruhe erwartet man in den meisten Gegenden Mitteleuropas Kälte und Schnee. In manchen Jahren und Regionen geht der Winter schon Mitte Februar in den Vorfrühling über.

Entwicklung der Bienen

Nicht selten werde ich gefragt: „Schlafen deine Bienen im Winter?" Bienen können durchaus schlafen, auch im Sommer. Dies geschieht aber stets nur kurze Zeit und es schlafen dann auch nur einzelne Individuen, nie das ganze Volk. Das wäre im Winter auch fatal, denn die Stockwärme muss durch Muskelvibrationen aufrechterhalten werden. Die Bienen rücken zusammen, bei sehr kalten Temperaturen bilden alle eine einzige Wintertraube. Die Traube garantiert eine minimale Oberfläche und damit geringsten Wärmeverlust. An ihrer Außenseite, dem „Mantel", sinken die Temperaturen auch bei größter Kälte nicht unter 7 Grad, innen ist es in der brutfreien Zeit um 25 Grad Celsius warm.

Die einzelne Biene kann allerdings nicht einfach so unendlich Wärme erzeugen. Sie benötigt zwischendurch Energiezufuhr, weshalb Innenbienen

Hier wird eine Mittelwand eingeschweißt. Sie liegt im Wabenrahmen auf dem eingespannten Draht. Mithilfe eines Trafos wird der Draht erhitzt; die Wand aus Wachs sinkt ein. Das dauert nur Zehntelsekunden.

und Mantelbienen „rotieren“. So können sich kühle und hungrige Mantelbienen immer wieder im Inneren der Traube aufwärmen und vom Winterfutter fressen. Damit das Futterangebot nicht abreißt, wandert die gesamte Wintertraube auf den Waben, allerdings so langsam, dass man es mit bloßem Auge kaum erkennen kann.

Bereits um Weihnachten ist im Zentrum des Wintersitzes oft ein kleines Brutnest entstanden. Natürlich sucht man nicht danach, aber man sollte wissen, dass es jetzt für eine Varroabehandlung mit Oxalsäure zu spät sein kann. Gegen Winterende zählt das Brutnest etwa 100 Zellen. Nun herrschen im Zentrum der Bienentraube Temperaturen von 33 bis 36 Grad Celsius. Steigen die Außentemperaturen auf über 14 Grad und höher, löst sich die Traube auf, die Bienen wandern in der Beute umher, tragen Futter herum und fliegen vereinzelt sogar aus. Wird es wieder kälter, zieht sich die Traube wieder zusammen. Die Temperaturen im stetig wachsenden Brutnest bleiben dabei konstant.

Ab 14 Grad Celsius setzt selbst im Winter Bienenflug ein. An sonnigen Tagen fliegen auch bei Minusgraden vereinzelt Bienen aus. Dieses Verhalten dient der „Stockhygiene“, die Bienen sind oft alt oder krank. Sie stürzen noch in Sichtweite des Imkers erfroren ab und „entsorgen“ sich dadurch sozusagen selbst.

Aktivitäten des Imkers

Alle Arbeiten, die im Spätherbst liegen geblieben sind, können auch jetzt noch erledigt werden. Die Varroabehandlung mit Oxalsäure muss aber noch vor Weihnachten erfolgen.

Kontrolle der Völker: Legt man das Ohr direkt an die Beute und hört ganz leise kaum vernehmbare Summgeräusche, ist das Volk in Ordnung. Hört man dagegen deutlich aufbrausende Geräusche, ist es weisellos. Sobald die Außentemperaturen 14 bis 15 Grad Celsius erreichen, sollten solche Völker mit einem weiselrichtigen Volk vereinigt werden.

Weitere Aktivitäten:

Mittelwände einschweißen (siehe Foto). Beuten bauen, Geräte und Beuten desinfizieren. Viel über die Imkerei lesen!

Rechtsgrundlagen

Für den Imker ist es wichtig, die Rechtsgrundlagen für die Bienenhaltung zu kennen. Die folgenden Kapitel bieten eine erste Übersicht, erheben aber keinen Anspruch auf Vollständigkeit.

Tipp

Werden Sie Mitglied in einem Imkerverein. Über diesen sind Sie kostengünstig in einer Imker-Globalversicherung versichert, die Personen-, Produkt- und Tierhalterhaftung sowie Rechtsschutz mit einschließt. Weitere Informationen erhalten Sie unter www.imkerversicherungen.de oder direkt bei Ihrem Landesverband.

Arzneimittelgesetz

Zur Behandlung eines Bienenvolks dürfen nur zugelassene Medikamente verwendet werden. Jeder Bezug und jede Anwendung von apotheken- und verschreibungspflichtigen Arzneimitteln ist in einem „Bestandsbuch über die Anwendung von Arzneimitteln bei Bienen" nachzuweisen, das fünf Jahre lang aufbewahrt werden muss. Man erhält es beim zuständigen Veterinäramt. Vertreter des Veterinäramtes sind berechtigt, die Bestandsbücher zu kontrollieren.

Nachbarrecht

Das deutsche Nachbarrecht sieht kein Verbot für Bienenhaltung auf dem eigenen Grundstück vor, sofern der betroffene Nachbar nicht wesentlich in der Nutzung seines Grundstücks beeinträchtigt wird.

In jedem Fall sollte man vor dem Aufstellen eines Bienenstands mit den Nachbarn sprechen. Auch sollte das Flugloch Ihrer Beute nicht zum Nachbargrundstück gerichtet sein. Eine zwei bis drei Meter hohe Hecke zwischen Bienenstand und Nachbargrundstück verhindert, dass Nachbars Garten allzu tief überflogen wird; die Bienen fliegen über dieses Hindernis hinweg.

Baurecht

Zur Aufstellung von Magazinen bedarf es keiner Baugenehmigung, für den Bau eines Bienenhauses hingegen sehr wohl.

Mehrjährige Erfahrung als Imker und entsprechende Fachkenntnisse sind Voraussetzung dafür, dass ein Bauantrag eine Chance auf Genehmigung hat. Auch sollte man etwa zehn Völker besitzen. Sind es weniger, zweifeln so manche Behörden, ob ein Bienenhaus tatsächlich notwendig ist. Exakte Zahlen sind natürlich nicht vorgegeben, sondern liegen im Ermessen der zuständigen Behörde.

Bienenhäuser dürfen nur außerhalb geschlossener Ortschaften errichtet werden. Die zulässige Größe hängt von der Völkerzahl ab, die Bauausführung ist begrenzt. So darf es sich nur um ein einfaches Holzgebäude ohne Unterkellerung und Feuerstelle handeln. Denken Sie daran, dass auch der Bau von Wegen und Zäunen genehmigungspflichtig ist!

Bienenschutzverordnung

Sie regelt die Ausbringung von Pflanzenschutzmitteln und soll Vergiftungen von Bienen verhindern. Für Bienen giftige Mittel dürfen nicht auf von Bienen beflogene Pflanzen ausgebracht werden. Mitunter erteilen die zuständigen Behörden zwar Ausnahmegenehmigungen; die Anwender dieser Mittel müssen dann aber die Imker im Umkreis von drei Kilometern mindestens 48 Stunden vor der Ausbringung informieren.

Leider kommt es dennoch hin und wieder zu Vergiftungen. In schlimmen Fällen findet der Imker vor den Fluglöchern massenhaft tote oder sich am Boden krümmende Bienen. Die Mehrheit stirbt allerdings meist im freien Feld. Der Imker kann vom Verursacher Schadensersatz fordern, ist aber in der

Beweispflicht. Um festzustellen, wo genau sich die Bienen vergiftet haben, empfiehlt sich folgendes Vorgehen:

1. Den Pflanzenschutzbeauftragten der zuständigen Landwirtschaftsbehörde und eine weitere unabhängige Person (Polizei, Vorsitzender des Imkervereins) informieren und mit ihnen mindestens 100 Gramm einer Pflanzenprobe von Verdachtsflächen entnehmen. Dieser Vorgang muss protokolliert werden.
2. Sofort mindestens 100 Gramm (etwa 1000 Stück) tote Bienen sammeln. In einem offenen Gefäß im Kühlschrank aufbewahren und schnellstmöglich zusammen mit der Pflanzenprobe an das Julius-Kühn-Institut in Braunschweig schicken.

Bienenseuchenverordnung

Die Seuchenverordnung legt fest, dass die Anzahl der Bienenvölker und deren Standort der zuständigen Behörde gemeldet werden muss. Weil derzeit bei der Honigbiene nur die Amerikanische Faulbrut als anzeigepflichtige Tierseuche gilt, ist das Hauptziel, diese zu vermeiden oder zumindest einzuschränken. Bereits der bloße Verdacht auf diese Krankheit ist anzuzeigen. Beim Kauf von Bienen darf im Kaufgebiet keine Faulbrut vorkommen. Wer es einmal mit Faulbrut zu tun hatte, wird das sehr gut verstehen. Der Aufwand, den Stand zu desinfizieren und die Völker zu sanieren, ist erheblich.

Die Seuchenverordnung dient aber auch dazu, die Ausbreitung anderer Bienenkrankheiten und Schädlinge zu verhindern. So ist zum Beispiel jeder Imker zur Bekämpfung der Varroamilben verpflichtet.

Schwarmrecht

Der Eigentümer eines Schwarms darf seinen Schwarm verfolgen und fremde Grundstücke betreten, um ihn einzufangen. Entstehen dabei Schäden, müssen sie ersetzt werden. Wenn der

Auch ein Bauwagen lässt sich zum Bienenhaus umbauen.

Eigentümer ihn nicht sofort verfolgt, wird ein Bienenschwarm herrenlos, jedermann darf ihn einfangen und wie sein Eigentum behandeln.

Honigverordnung

Honig ist ein von Bienen erzeugtes Lebensmittel. Es dürfen ihm keine Stoffe hinzugefügt oder entzogen werden. Er darf keine Verunreinigungen enthalten, der Säuregrad darf nicht beeinflusst und der Geschmack nicht verändert sein. Für die Bezeichnung der Honigsorten sind Minimal- und Maximalwerte für Inhaltsstoffe vorgegeben.

Honig muss unter Beachtung der Hygieneverordnung gewonnen, behandelt und aufbewahrt werden.

Tierhalterhaftung

Sie sieht vor, dass der Imker als Tierhalter für Schäden aufkommen muss, die seine Tiere verursacht haben. Es dürfte schwierig sein, nachzuweisen, dass gerade eine Ihrer Bienen den Nachbarn gestochen hat. Leichter dürfte dieser Nachweis fallen, wenn am ersten warmen Frühlingstag Nachbars Wäsche von den Bienen verkotet wird. Derartigem Ärger können Sie aber leicht aus dem Weg gehen: Ist laut Wetterbericht ein warmer Tag zu erwarten, informieren Sie die Nachbarn rechtzeitig. Dann kann das Waschen verschoben oder die Wäsche außerhalb des Flugbereichs der Bienen aufgehängt werden. Ein Glas Honig als Dank für das Verständnis tut sein Übriges.

Wanderordnung

Das Wandern ist nicht nur des Müllers Lust. Ein Imker, der von vielen Trachten Honig ernten will, Sortenhonig herstellen oder sogar eine Vergütung für die Bestäubungsleistung erzielen möchte, muss wanderfreudig sein und seine Beuten samt Bienen an die gewünschte Tracht transportieren.

Wer mit seinen Völkern wandern will, sollte folgende Vorbereitungen treffen:

- Die Zustimmung des Grundstückeigentümers einholen.
- Falls man in einen anderen Landkreis wandern will, braucht man eine Seuchenfreiheitsbescheinigung vom zuständigen Veterinäramt.
- Die Zustimmung des für den Wanderstandort zuständigen Vereins einholen. Dazu muss man die Zustimmung des Grundstückeigentümers und gegebenenfalls die Seuchenfreiheitsbescheinigung vorlegen.
- Am neuen Standort das Veterinäramt und den Wanderwart des zuständigen Imkervereins über die Anzahl der Völker und den angewanderten Trachtstandort informieren.
- An gut sichtbarer Stelle und dauerhaft lesbar Namen und Anschrift an eine der Beuten hängen. Bei Bedarf kann so Kontakt mit Ihnen aufgenommen werden.

Es sieht schlimmer aus, als es ist. Mit dem Eigentümer und dem Vorsitzenden des Imkervereins kann man sich meist telefonisch einigen. Für die Verwaltung gilt der Dienstweg, meist wird ein Schriftstück angefertigt. Aber auch das ist unproblematisch.

Der Autor mit seinen Bienen. (Foto: K. Wöhlbier)

Nachwort

Imkerei birgt als wetterabhängiges Hobby ihre Spannungsfelder und Eigenheiten. Immerhin beschäftigt man sich mit lebenden Organismen. Der Klimawandel, die gezielte Zucht und die Ideen findiger Imker haben die Arbeit an den Bienen stark verändert. So haben wir es heute mit besonders sanftmütigen Bienenvölkern zu tun, die einen hohen Honigertrag und hohe Bestäubungsleistungen bringen, und wir dürfen uns über eine Reihe von Erkenntnissen und Entwicklungen freuen, die uns das Imkern erleichtern und es zu einer entspannenden Freizeitbeschäftigung werden lassen. Moderne Forschungsmöglichkeiten wie Minichips auf dem Bienenrücken oder Infrarotkameras im dunklen Bienenstock werden in Gegenwart und Zukunft gewiss noch manche Neuigkeiten über das Bienenleben aufdecken. Imkerei bleibt also auch für Fortgeschrittene spannend.

Mit diesem Buch will ich auf dieses schöne Hobby aufmerksam machen und auch ausreichend grundsätzliches Wissen vermitteln, damit alle, die nach der Lektüre Lust auf Bienen bekommen haben, mit der Imkerei loslegen können.

Sicher gibt es noch so manches „Wenn und Aber“ und so manche andere Meinungen und Erfahrungen. Fangen Sie einfach an und sammeln Sie Ihre eigenen Erfahrungen, informieren Sie sich und nutzen Sie die neuen Erkenntnisse der Wissenschaft.

Für den Start ins Hobby wünsche ich Ihnen jedenfalls viel Erfolg!

Adressen

Deutscher Imkerbund e. V. (DIB)
Villiper Hauptstraße 3
D-53343 Wachtberg
Tel.: 02 28 – 93 29 20
Fax: 02 28 – 32 10 09
www.deutscherimkerbund.de

Untersuchungsstelle für Bienenvergiftungen an der Biologischen Bundesanstalt für Land- und Forstwirtschaft
Messeweg 11–12
38104 Braunschweig
Tel.: 05 31 – 2 99 45 25
Fax: 05 31 – 2 99 30 08
www.bba.de

Literatur

Bücher

Autorenkollektiv
Der Schweizerische Bienenvater. Bd. 1 bis 5
Winikon, Fachschriftenverlag VDRB, 2003

Bienefeld, Kaspar
Imkern Schritt für Schritt
Stuttgart, Kosmos Verlag, 2005

Gekeler, Werner
Honigbienenhaltung
Stuttgart, Ulmer Verlag, 2006

Hintermeier, Helmut und Margit
Die Weide,
Baum und Strauch für Mensch und Tier *
Gallmersgarten, Eigenverlag, 2009

Hintermeier, Helmut
Artenschutz in Unterrichtsbeispielen, Teil 2
Donauwörth, Auer Verlag, 2000

Nowottnick, Klaus
Faszination Bienen
Klosterneuburg, Österreichischer Agrarverlag, 1997

Pohl, Friedrich
Varroose erkennen
und erfolgreich bekämpfen
Stuttgart, Kosmos Verlag, 2008

Pritsch, Günter
Bienenweide
Stuttgart, Kosmos Verlag, 2007

*) zu beziehen über Helmut Hintermeier
E-Mail: Helmut_Hintermeier@web.de
Tel.: 0 98 43 – 9 78 03

Ruttner, Friedrich
Naturgeschichte der Honigbiene
Stuttgart, Kosmos Verlag, 2003

Schwenkel, Jürgen (Hrsg.)
Grundwissen für Imker
München, Deutscher Landwirtschaftsverlag, 2006

Stangaciu, Stefan; Hartenstein, Elfi
Sanft heilen mit Bienenprodukten
Stuttgart, Karl F. Haug Verlag, 2004

Tautz, Jürgen
Phänomen Honigbiene
München, Spektrum Akademischer Verlag, 2007

Weiß, Karl
Der Wochenendimker
Stuttgart, Kosmos Verlag, 2003

Zeitschriften

Allgemeine Deutsche Imkerzeitung (ADIZ)
Die Biene
Der Imkerfreund
München, Deutscher Landwirtschaftsverlag
www.adiz-online.de

Deutsches Bienenjournal
Berlin, Deutscher Bauernverlag GmbH
www.bienenjournal.de

Stichwortregister

Axel Gutjahr
Nützlinge im Garten
80 Seiten, farbig, broschiert
ISBN 978-3-86127-672-2

Frank Allmer
Vögel im Naturgarten
80 Seiten, farbig, broschiert
ISBN 978-3-86127-080-5

Axel Gutjahr
Feldfrüchte
80 Seiten, farbig, broschiert
ISBN 978-3-86127-673-9

Axel Gutjahr
Gartenteiche
80 Seiten, farbig, broschiert
ISBN 978-3-86127-671-5

Frank Allmer
Stolze Hähne
80 Seiten, farbig, broschiert
ISBN 978-3-86127-674-6

Dorothee Dahl
Schafe
80 Seiten, farbig, broschiert
ISBN 978-3-86127-675-3

Axel Gutjahr
Ernten aus der Natur
80 Seiten, farbig, broschiert
ISBN 978-3-86127-670-8

Dorothee Dahl
Das andere Kuhbuch
80 Seiten, farbig, broschiert
ISBN 978-3-86127-676-0

CADMOS

Cadmos Verlag GmbH · Möllner Straße 47 · 21493 Schwarzenbek
Tel. 04151 87 90 70 · Fax 04151 87 90 7-12
Besuchen Sie uns im Internet: **www.cadmos.de**